당신이 원하던
잡학사전

ⓒ 김주은, 2022

초판 1쇄 인쇄일 2022년 2월 10일
초판 1쇄 발행일 2022년 2월 17일

엮은이 김주은
펴낸이 김지영 펴낸곳 지브레인^{Gbrain}
편 집 김현주
마케팅 조명구   제작·관리 김동영

출판등록 2001년 7월 3일 제2005-000022호
주소 04021 서울시 마포구 월드컵로7길 88 2층
전화 (02)2648-7224 팩스 (02)2654-7696

ISBN 978-89-5979-679-3(03400)

- 책값은 뒤표지에 있습니다.
- 잘못된 책은 교환해 드립니다.

당신이 원하던
잡학사전

김주은 엮음

지브레인

 머리말

　책 속에 담긴 수많은 상상력과 지식들이 너무 좋아 책과 관계된 일을 꿈꾸었다. 그리고 인문학, 사회과학, 심리학, 자연과학 등 분야를 가리지 않고 봐왔던 수많은 책들 속 재미있고 신기했던 지식들은 단순하게 받아들이는 것에서 그 내용에 대한 진실을 궁금해하는 단계까지 오게 되었다.

　그중에서도 상식이라고 읽었던 내용들은 변하지 않는 진실인지 궁금해 과학책을 준비할 때면 찾아보던 습관대로 이것저것 조사하다가 재미있는 사실들을 깨닫게 되었다. 국적을 불문하고 작가들은 자신이 공부한 내용에 자신의 세계관을 담는 경우가 은연중에 일어난다는 사실이다. 자료를 준비할 때도 어떤 것을 선택할지에 따라 책의 내용이 영향을 받게 된다. 교육받은 환경과 가치관, 세계관, 국가관도 담기는 것을 확인하게 되었다. 너무 거창해보이지만 필요한 다양한 자료는 모국어로 된 것을 중심으로 준비하게 되기 때문이다.

　의학적 지식들도 과학의 발전과 함께 과거에는 맞지만 지금은 잘못된 것임이 밝혀진 것들이 있다. 가령 양귀비에서 추출했던 신이 내린 선물 아편과 바이엘이 만든 헤로인이 든 어린이 감기 치료제, 베일리 라듐 연구소에서 만든 죽은 사람도 살리는 만병통치약으로 광고했던 라듐 음료수까지!

　잘못된 상식들도 많다. 우리는 이제 뉴턴이 머리 위에 떨어진 사과를 보고 중력법칙을 발견한 것이 사실이 아님을 알고 있다. 전구를 발명한 사람이 에디슨이 아닌 것도 많이 알려져 있다. 그럼에도 에디슨=전구가 되는 것은 에디슨이 전구를 상용화시켜 지금과 같은 세상을 가능하게 했기 때문이다.

　이 책에는 우리가 잘못 알고 있는 지식들부터 역사적인 재미있는 사실들, 그리스 신화와 자연과학, 철학, 의학 등 다양한 분야에서 흥미로운 이야기들을 소개했다. 누군가와 대화하기 좋은 지식들, 한 번 정도는 궁금했을 그런 것들을 소개했으며 아는 척하기 좋은 지식들도 담았다.

contents

머리말 4

알수록 쓸모 있는
대화가 즐거워지는 지식들   8

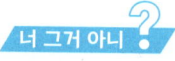

알수록 재미있는
**그리스 신화와 역사
그리고 서양 철학**   40

한 번은 궁금했을, 잘난 척하기 좋은
자연 지식들   60

우리가 알고 있는 것과는 다른
역사적 사실들   86

알아두면 쓸모 있는
의학 지식들   106

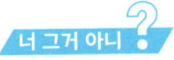

우리가 오해하고 있는
상식들   132

참고 도서   160

알수록 쓸모 있는
대화가 즐거워지는
지식들

너 그거 아니?

나무로 만든 것이 목관 악기고, 금속으로 만든 것이 금관 악기다?

색소폰이나 플루트는 목관 악기지만 금속 재질로 만들었다. 알펜호른은 나무로 만들었지만 금관 악기로 분류된다.

그렇다면 목관 악기와 금관 악기의 차이는 무엇일까?

사실 플루트나 피콜로는 과거에는 대나무나 나무로 만들어졌었다. 하지만 색소폰은 과거에도 금속으로 만들어졌다. 그런데 주법이 클라리넷과 같아서 목관 악기로 분류되고 있다.

목관 악기는 원기둥 또는 원뿔 모양을 하고 있으며 관에 뚫려 있는 구멍(지공)을 손가락 또는 장치를 이용해 여닫음으로써 공기의 진동으로 원하는 음정을 낸다. 이와 달리 금관 악기는 입술의 진동을 통해 소리를 낸다. 그래서 코넷과 세르팡도 나무로 만들어졌지만, 입술의 진동으로 소리를 내 금관 악기로 분류한다.

단테의 연인은 베아트리체였다?

사실 단테^{Alighieri Dante(1265~1321)}는 베아트리체와 총 두 번 만났다. 첫 번째는 아홉 살 때, 부모님이 개최한 파티에서 아리따운 소녀 베아트리체 포르티나리^{Beatrice Portinari(1266~1290)}를 처음 보았고, 9년 뒤 길을 걷다 베아트리체와 다시 한 번 우연히 마주친 것이 전부였다. 그럼에도 불구하고 단테는 베아트리체에 대한 마음이 커졌고 베아트리체가 요절한 뒤에도 그 마음을 접지 못했다. 단테는 베아트리체에 대한 마음을 담아 시집 《새로운 인생^{La vita nuova}》을 냈고 다른 여성과 결혼한 후에도 베아트리체에 대한 마음을 버리지 못하고 필생의 대작 《신곡^{La Divina commedia}》에서도 베아트리체에게 자신을 천국으로 인도하는 안내자 역할을 맡겼다. 단 두 번의 만남으로 베아트리체는 단테의 일생의 여인이 된 것이다.

헨리 홀리데이 작 〈단테와 베아트리체〉.

《오페라의 유령》에서 나오는 장소는 파리 오페라 극장과는 무관하다?

가스통 르루Gaston Leroux(1878~1927)의 대표작 《오페라의 유령Le Fantôme de l'Opéra》의 배경이 된 공간, 즉 오페라의 유령이 살았다는 지하 세계는 너무 비현실적으로 느껴지지만 파리의 오페라 극장인 가르니에 궁Le Palais Garnier의 지하는 실제로 복잡한 미로 형태로 설계되어 있고 소설에 등장하는 호수도 있다. 의상 보관실들과 세트 작업장 그리고 창고들의 아래편, 즉 지하층 중에서도 가장 아래쪽에 위치해 있던 호수는 지하수가 터지면서 자연스럽게 형성된 것이라고 한다.

선집과 전집은 동의어이다?

선집$^{\text{collection, anthology}}$은 특정 작가의 작품 중 일부를 모아서 엮은 것으로, 주로 최고의 작품들만 선정해서 출간되고, 그 과정에서 일부 작품들은 축약되기도 한다.

반면 전집$^{\text{Complete Works}}$은 한 작가의 작품을 생략이나 축약 없이 모두 모아서 출간한 것을 말한다.

고양이에게 우유란?

고양이들과 사는 집사라면 우유가 고양이들에게 좋지 않다는 사실을 알 것이다. 고양이에겐 소화 효소가 없어서 설사를 일으킬 가능성이 높기 때문이다. 그런데 재미있게도 생크림은 고양이들도 소화시킬 수 있다.

말들이 서서 자는 이유는?

사람들은 말들이 서서 자는 동물이라고 하지만 사실 공간만 충분하고 아무런 위협도 없는 상태라면 누워서 자는 것을 더 좋아한다. 그리고 같은 무리의 말들은 잠을 잘 때 모두 누워서 잠을 자는 것이 아니라 최소한 한 마리는 서서 보초를 선다고 한다. 말들이 서서 자는 이유는 좁은 공간과 적으로부터 살아남기 위한 방어본능 때문인 것이다.

갈수록 기울고 있다는 피사의 사탑은 왜 아직까지 무너지지 않을까?

피사의 사탑이 세워진 장소는 강물이 흘러가며 퇴적물이 침하하면서 지반이 형성된 자리라고 한다. 북쪽에 먼저 퇴적물이 쌓였기 때문에 피사의 사탑은 토질이 좀 더 약한 남쪽으로 기울어지고 있는 것으로 즉 지반이 불균형하기 때문에 피사의 사탑이 기울어지게 된 것이다. 프랑스는 피사의 사탑의 기울기를 바로잡기 위해 1990년부터 2001년까지 약 12년 동안 관람을 금지하고 보수 공사에 들어가 약 44cm 바로잡았다. 피사의 사탑이 기울어지는 정도는 1년에 약 1mm이라고 한다.

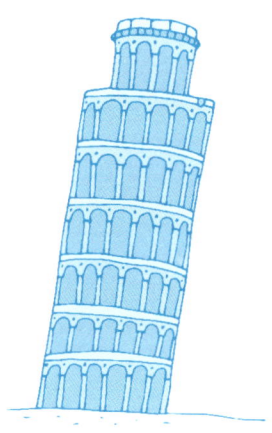

북극과 남극은 육지 섬이다?

 북극의 빙하 밑은 육지가 아닌 바다이다. 따라서 얼음이 모두 녹으면 그곳은 거대한 바다가 된다. 하지만 남극은 총 면적이 1300만km에 달하는 대륙이다. 대부분은 얼음으로 뒤덮여 있고 약 2.4%는 얼음으로 덮혀 있지 않은 땅이다.

북극은 얼음섬이다.

북극은 왜 중요한가?

북극은 육지가 아닌 바다이지만 미국, 캐나다, 러시아, 노르웨이, 스웨덴, 핀란드, 덴마크까지 7개국이 분할 관리하고 있다. 그리고 남극은 1959년 43개국이 서명하고 2041년까지 유효한 '남극 조약Antarctic Treaty'에 따라 어디에도 영속되지 않는 땅으로 남아 있다.

과학자들 사이에서는 북극을 지구를 위한 카나리아로 표현한다. 광부들이 카나리아를 데리고 광산에 들어가는 이유는 유독 기체를 경고해주는 경고등 역할 때문인데 북극 역시 지구의 기후변화에 민감하게 반응하기 때문이다.

세계 최대의 모래사막은 사하라 사막이다?

총면적 906만 5000km²인 사하라 사막이 세계에서 제일 큰 사막인 것은 맞지만 대부분 돌로 되어 있고 모래의 비율은 매우 낮다. 그렇다면 세계 최대의 모래사막은 어디일까? 세계에서 가장 접근이 어려운 사막 중 하나이기도 한 아라비아 사막 남부에 위치한 총면적 64만 7500km²의 룹알할리$^{Rub'al-Khali}$ 사막이다. 이곳에는 무려 300m 높이의 언덕도 있다.

모든 사막에는 생명체가 존재한다?

대부분의 사막에는 생명체가 존재하지만, 생명체의 흔적을 아예 찾을 수 없는 곳도 있다. 이란 내륙 지방에 있는 사막들 중 지금까지 동식물의 흔적이 한 번도 발견되지 않은 루트^{Lut} 사막이 바로 그곳이다. 총면적이 16만 6000km^{2}에 달하는 루트 사막은 지구에서 가장 덥고 건조한 곳 중 하나로, 사람이 살았던 흔적 또한 전혀 발견되지 않았다.

지구상에서 금이 가장 많은 곳은 어디일까?

전문가들은 바닷속에 100억 톤가량의 금이 떠다니고 있다고 추측한다. 인류는 지금까지 약 5000만 톤 정도의 금을 채취했는데 땅 속에 묻힌 모든 금을 다 합쳐도 바닷속 금의 양과는 비교조차 할 수 없다고 한다. 그럼에도 왜 바다의 금을 채취하지 않는 것일까?

그것은 바닷물 $1m^3$당 채취할 수 있는 금의 양이 최대 40mg밖에 되지 않기 때문이다. 바다의 금은 분포 밀도가 매우 낮다. 이는 은도 같은 상황이라고 한다. 많다고 하지만 채취하기 위해 들이는 수고에 비해 수확량은 터무니없기 때문에 시도하지 않는 것이다.

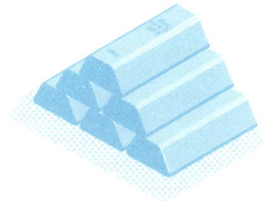

비의 도시 런던은 다른 유럽 국가보다 비가 더 많이 내릴까?

런던의 연간 강수량은 600mm로, 다른 유럽 국가들보다 오히려 낮은 편이다. 그런데 이틀에 한 번꼴로 가랑비가 내리기 때문에 비가 많이 오는 나라로 인식된 것이다. 그에 비해 다른 유럽 국가들은 집중 폭우가 쏟아지지만 며칠에 한 번꼴로 비가 내리지는 않는다.

눈과 우박과 진눈깨비와 싸리눈의 차이는 무엇일까?

우리는 보통 비가 내리다가 언 것이 우박이라고 생각한다. 우박은 하강하던 빗방울이 상승 기류를 만나 차가운 대기 위로 밀려 올라가기를 여러 번 반복하는 과정에서 만들어지는 결정체이다. 따라서 빗방울이 떨어지다가 만들어지는 것이 아니라 상승 기류로 밀려 올라가야 만들어지는 것이다.

그렇다면 빗방울이 떨어지다가 얼면 무엇이 될까? 진눈깨비나 싸리눈이다. 그리고 대기 중 수증기가 응축되어 내리는 것이 눈이다.

게이샤는 모두 여자이다?

　전통 음악이나 무용 등을 공연하며 손님들의 흥을 돋우는 일본의 기생을 말하는 게이샤는 처음에는 모두 남자였다.
　17세기에 와서야 여자 게이샤가 등장하며 그들은 매춘 행위를 할 수 없었다. 이는 기존의 매춘 여성들과의 경쟁을 방지하기 위한 조치였지만 수많은 게이샤들이 단골손님과 비밀리에 성관계를 맺었다. 수련에 들어가는 엄청난 비용을 감당하기 위해 몸을 팔 수밖에 없었다고 한다. 하지만 상대를 고를 때 매우 까다로웠다고 한다.

"건강한 신체에 건강한 정신이 깃든다"는 신체 건강을 위해 나온 말이다?

"건강한 신체에 건강한 정신이 깃든다 Mens sana in corpore sano"는 로마의 풍자시인 유베날리스 Juvenalis(60~127년경)가 남긴 말이지만 이는 당시 지나치게 운동에 집착하는 현상을 비꼬려고 한 말이었다고 한다. 더구나 유베날리스는 "건강한 신체에 건강한 정신이 깃든다"라고 한 것이 아니라 "건강한 신체에 건강한 정신까지 깃들면 더 바람직할 것이다 Orandum est, ut sit mens sana in corpore sano"라고 했다고 한다. 물론 유베날리스는 머리는 텅 빈 채 근육만 단련하는 수많은 무리가 자신의 말에 결코 귀 기울이지 않을 것을 알고 있었다고 한다.

낙타의 혹에 든 지방은 어떻게 사용할까?

낙타의 등에 있는 혹에는 물이 아니라 지방이 들어 있다. 체내로 들어온 수분을 지방으로 전환해 혹 속에 저장했다가 필요할 때 쉽게 분해해 쓰기 때문에 낙타들은 아무것도 먹지 않은 상태에서도 최대 30일까지 버틸 수 있다. 또 위에 약 100ℓ의 물을 저장할 수 있으며 이는 약 2주일을 버틸 수 있는 양이라고 한다. 그리고 혹 속의 지방도 분해해서 수분으로 전환할 수 있으며, 필요하다면 소변을 보지 않을 정도로 수분 배출을 최소화할 수 있는 능력도 가지고 있다. 그래서 낙타가 탈수 증상을 보이는 경우는 매우 드물다고 한다.

자연에서 키운 닭의 달걀노른자가 양계장의 달걀노른자보다 더 선명한 색깔이다?

달걀노른자의 선명도는 카로틴 함량에 따라 결정된다. 따라서 자연에서 키운 닭이라 해도 카로틴이 풍부한 먹이가 많은 봄과 여름에 낳은 달걀노른자가 겨울에 인공 사료를 먹는 달걀노른자보다 더 선명한 색깔을 가지고 있다. 그리고 최근에는 양계장의 닭들에게도 카로틴이 섞인 사료를 급여하는 곳들이 있다.

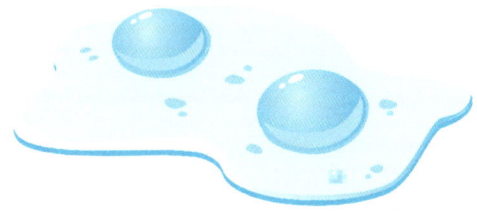

프랑크푸르트소시지와 비엔나소시지는 같은 음식이다?

둘 다 얇고 기다란 모양을 하고 있으며 정확한 차이가 무엇인지는 모호하다.

프랑크푸르트소시지는 프랑크푸르트에서 돼지고기만 사용해서 만든 소시지가 처음 시작이었으며 프랑크푸르트의 정육 업자 요한 게오르크 라너$^{\text{Johann Georg Lahner(1772~1845)}}$가 여기에 30%의 소고기를 혼합해 빈^{Wien}, 즉 '비엔나'에 소개한 것이 비엔나소시지라고 알려져 있다. 하지만 비엔나소시지의 시작에 대해서는 다른 여러 가지 설들이 있다.

프랑크푸르트에서는 소고기와 돼지고기를 섞어서 식품을 제조할 수 없다는 법이 있기 때문에 순수하게 돼지고기로 만들었고 현재 독일에서는 프랑크푸르트에서 만든 소시지만 '프랑크푸르트소시지'라는 이름으로 출시되고 있다. 그리고 다른 곳에서 만들어지는 소시지는 모두 비엔나소시지로 부른다.

'라클레트'와 '퐁뒤'는 같은 음식이다?

둘 다 치즈를 녹여 먹는 음식이지만 라클레트^{raclette}는 치즈를 녹인 뒤 감자나 양파를 찍어 먹는 것이고 퐁뒤^{fondue}는 빵 조각을 찍어 먹는다.

두 요리 모두 스위스의 대표 음식으로 그곳에 가면 꼭 먹어야 할 요리로 손꼽힌다.

캐시미어는 최고급 양모를 뜻한다?

캐시미어cashmere는 양의 털로 짠 것이 아니라 인도의 카슈미르 지방이나 티베트, 이란 등에서 기르는 캐시미어 염소의 연한 털로 짠 섬유이다. 따라서 가위나 기계를 이용해 깎아내는 양모와 달리 일일이 수작업으로 채취하기 때문에 매우 비싸며 고급 양복감으로 많이 이용되고 있다.

우리가 생활하는 환경에서 화장실의 불결함은 어느 정도일까?

방송이나 기사에서는 어떤 제품이나 장소의 불결함을 비교할 때 화장실을 기준으로 말하는 경우가 많다. 그렇다면 화장실은 우리가 사는 생활 공간 중에서 어느 정도나 불결할까?

씻고 볼일을 보는 장소인 만큼 습한 환경이므로 우리는 화장실이 가장 불결하다고 생각한다. 그런데 화장실의 세균 감염도는 의외로 높지 않다고 한다. 여러 연구 기관에서 내놓은 각종 연구 결과에 따르면 화장실 변기보다 컴퓨터 키보드에 더 많은 세균이 살고 있으며, 가정에서 가장 많은 세균이 살고 있는 곳은 냉장고의 물받이 부분이라고 한다. 참고로 냉장고 물받이는 우리 눈에 바로 보이는 장소에 있지는 않다.

구조를 뜻하는 SOS는 무엇의 약자일까?

SOS는 사실 아무런 뜻도 숨어 있지 않다. SOS는 20세기 초에 개최된 만국무선통신회의에서 채택된 일종의 모스 부호로, 세 개의 점과 세 개의 선 그리고 다시 세 개의 점을 이어놓은 것일 뿐이다.

••• − − − •••

이 부호들은 중간에 쉬지 않고 연속으로 전송해야 한다.

녹슨 가위를 새것처럼 바꾸는 데는 이것이 효과적이다?

유통기간이 지난 선크림을 녹슨 부분에 발라준 후 물티슈로 닦아주면 깨끗해진다. 또는 토마토케첩을 녹슨 부분에 골고루 펴 바른 뒤 한 시간 정도 두었다가 수세미로 닦으면 된다.

토마토에 함유된 리코펜이 녹을 제거하는 데 효과적이다. 탄산이 빠진 콜라에 담가두어도 녹을 제거할 수 있다.

사람들이 진짜로 용서하게 되는 사과의 횟수는 대략 몇 번일까?

미국의 유명한 심리학자 존 고트먼^{John Gottman(1942~)}은 용서받기 위해서는 한 번의 사과로는 충분하지 않다는 의견을 내놓았다. 실수는 한 번으로 족하지만 사과는 한 번으로 족하지 않은 것이다. 그는 상처받은 상대에게 사과의 말이나 몸짓을 최소한 네 차례는 해야 '피해자' 측에서 용서할 마음이 생긴다고 했다.

따라서 가해자인 상대방의 사과에도 피해자인 당신의 마음이 풀리지 않는다고 죄책감을 느낄 필요는 없다.

코미디 프로그램을 소파에 앉아서 보기 때문에 시트콤이라고 한다?

방송을 보는 장소는 대부분 거실이기 때문에 서양은 소파에 앉아 보는 경우가 많을 것이다. 그런데 시트콤^{sitcom}의 '시트^{sit}'는 '앉다'라는 뜻이 아니라 '상황^{situation}'의 준말로, 다양한 유머와 코믹한 상황들이 포함된 상황극$^{situation\ comedy}$을 의미한다.

바비 인형의 출생지는 미국이다?

　세상에서 가장 유명한 인형 중 하나인 바비^{Barbie}의 출생지는 독일이다. 1955년, 스포츠연예 전문 일간지 〈빌트^{Bild}〉에 연재된 만화 캐릭터 중 하나가 릴리^{Lilli}라는 이름의 성인용 인형으로 재탄생했다. 1년 후 장난감 회사 '마텔^{Mattel}'의 공동 창업자 루스 핸들러$^{Ruth\ Handler(1917\sim2002)}$가 우연히 릴리를 보고, 딸 바버라에게 선물했다. 그 후 그는 릴리 인형에 대한 저작권을 사들여 1959년 최초의 바비를 미국 시장에 선보였다. 릴리의 본명은 바버라 밀리센트 로버츠$^{Barbara\ Millicent\ Roberts}$다.

단백질은 달걀흰자와 노른자 중 어디에 더 많이 들어 있을까?

고양이를 키우다 보면 고단백 영양식을 줘야 할 때가 있다. 그럴 때 보통 수의사들은 달걀흰자를 권한다. 그렇다면 정말 달걀흰자가 단백질이 많은 걸까? 이는 잘못된 연구에서 나온 것으로 사실 단백질 함유량은 달걀노른자(난황)가 더 높다. 따라서 노른자 없이 흰자만을 섭취하는 것이 건강한 식품으로 인식된 것은 잘못된 정보로, 달걀노른자를 버리는 것은 정말 중요한 영양소를 포기하는 것과 같다. 달걀노른자에는 비타민 A, D, E, K 그리고 오메가-3, 엽산과 비타민 B12 등을 포함하고 있기 때문이다.

달걀노른자의 콜레스테롤 역시 건강에 매우 유익한 성분으로, 심장질환에 영향을 미치지 않으며 '2015 미국 식단 가이드라인'에서는 달걀노른자를 핵심 단백질 공급원으로 추천하고 있다.

달걀을 냉장 보관해야만 살모넬라균을 막을 수 있다?

우리가 구매하는 달걀은 대부분 일반 진열대에 있다. 그런데 살모넬라균의 증식을 막으려면 냉장 보관해야 한다고 한다. 그렇다면 어떻게 달걀을 보관해야 할까?

살모넬라균은 주변 온도가 변할 때 가장 잘 번식한다고 한다. 즉 상온에 있다가 냉장 보관을 하다가 다시 상온으로 나오면 살모넬라균이 순식간에 증식하게 된다. 따라서 상온에 있던 달걀을 구매했다면 집에서는 냉장 보관을 하다가 먹을 때 바로 꺼내서 사용하는 것이 가장 이상적이다. 즉 달걀을 보관할 때는 주변 온도가 자주 바뀌지 않도록 주의해야 한다.

지구온난화는 왜 위험할까?

　수많은 과학자들이 지구온난화로 인한 환경변화를 연구하고 있지만 지구온난화가 심해지면 어떤 결과를 불러올지, 인류의 미래는 어떻게 될지 명확한 예측은 하지 못하고 있다. 이들의 의견은 분분하며 비관론자들은 지구가 감당할 수 있는 일정온도를 넘어서면 지구의 대기와 대양, 생태계는 회복불능의 상태가 될 것이라고 경고한다.

　반대로 낙관론자들은 지구의 자기조절시스템은 지구온난화에도 불구하고 다른 방법으로 회복될 것이라고 전망한다.

　낙관론자들의 전망대로 자기조절시스템이 발휘된다고 해도 지구가 어떤 방법을 취할지는 모른다.

　비관론자들은 지구온난화로 지구의 온도가 상승할수록 강수량이 증가하면서 홍수가 일어나고 그 결과 농경지가 침수되거나 침식되면서 식량난이 올 것이며 빙하가 녹으며 해수면이 올라가 사라지는 도시 또는 국가가 나타날 것이라고 우려하고 있다.

　지금까지 체감온도가 -60도로 알려진 남극에서는 최근 빙산들이 떨어져나오고 있고 처음으로 남극의 온도가 -20도가 아니라 영상 20도를 기록하는 등 지구온난화의 영향들이 나타나고 있다.

알수록 재미있는
그리스 신화와 역사 그리고 서양 철학

너 그거 아니?

피라미드는 노예들이 건축했다?

 피라미드를 건설한 주 노동차층은 이집트의 일반 백성들이었다. 나일 강이 범람하는 7~10월이 되면 이집트 농부들은 건설 인부로 일하며 생계를 유지했다고 한다. 당시 피라미드 건축에 참가한 노동자들에게는 무료 숙식과 약간의 보수가 지급되었다고 추정하고 있으며 그들은 파라오의 무덤 건축은 곧 신을 섬기는 것이라고 믿었다. 규모에 따라 다르지만 보통 피라미드 건축에는 수천 명의 전문가들과 수만 명의 노동자들이 참여했다고 한다.

> **클레오파트라의 코가 조금만 낮았다면 세계의 역사는 달라졌을 것이라는 파스칼의 말은 사실일까?**

사람들에게는 클레오파트라가 대단한 미모의 소유자로 알려져 있지만 수많은 역사학자들은 클레오파트라가 특별히 예쁜 편이 아니었으며 무엇보다도 아름다운 코를 가진 것도 아니었다고 한다. 클레오파트라는 긴 코에 휘어 있었다고 하니 파스칼의 '클레오파트라의 코가 조금만 낮았다면 세계의 역사는 달라졌을 것'이란 말은 매력적인 코란 뜻은 아닐 것이다. 역사가들은 클레오파트라가 매우 명석한 두뇌와 지혜를 가지고 있던 매력적인 여성이었다고 보고 있다. 뛰어난 외국어 실력과 정치와 경제에 대한 높은 이해력을 바탕으로 사람들을 매료시켰다는 것이다. 그럼에도 클레오파트라가 간교한 여성으로 전해지게 된 것은 그녀의 정적인 옥타비아누스^{Octavianus} (훗날 아우구스투스 Augustus(BC 63~AD 14) 황제) 때문이라고 한다.

트로이 전쟁은 소설이나 전설일 뿐이며 그리스가 일으킨 것이다?

많은 역사학자들이 도시 국가 트로이를 가상의 도시이며 트로이 전쟁 역시 소설 속 전쟁일 뿐이라고 하지만 히타이트에서 발견된 문서들을 연구한 결과 트로이 전쟁이 실제로 일어났을 것이라는 주장이 신빙성을 얻고 있다.

그렇다면 트로이 전쟁은 우리가 알고 있는 그리스로마 신화의 내용대로 그리스가 일으킨 것일까?

트로이 전쟁은 사실 그리스가 건국되기 이전에 일어났다. 호메로스의 《일리아스》에 나온 내용을 보면 등장인물들이 누워서가 아니라 앉아서 식사하며 역풍에는 항해를 할 수 없다는 대사 등을 볼 때 트로이를 공격한 군대는 그리스가 아니라 미케네였을 것이라고 한다. 트로이의 통치자 알락산두스^{Alaksandus}가 내부의 적을 견제하기 위해 히타이트 제국과 방위 조약을 체결했지만 히타이트 제국이 분열되면서 미케네가 트로이를 정복했다는 것이다. 그리고 약탈 행위로 부를 축적한 미케네는 그리스계 부족들에 의해 멸망했다.

히포크라테스 선서의 작성자는 히포크라테스다?

히포크라테스 선서$^{Hippocrates(BC\ 460~377년경)}$는 히포크라테스의 사후에 후배 의학자들이 위대한 의학자 히포크라테스를 기리기 위해 붙인 제목이다. 하지만 우리가 알고 있는 히포크라테스 선서는 1948년 스위스에서 개최된 세계의학협회에서 채택한 '제네바 선언$^{Declaration\ of\ Geneva}$'이다.

제네바 선언에는 원래 히포크라테스 선서에 포함되어 있던 환자의 정보에 관한 비밀 유지 의무나 환자의 생명과 건강을 우선시할 의무 등의 조항은 유지되었지만, 의술에 관한 비밀 유지 업무 등 일부 내용들은 제외되었다고 한다.

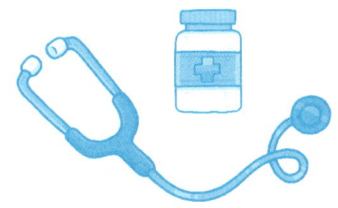

그리스 신화와 역사 그리고 서양 철학

로마의 원형 경기장에서는 검투사나 동물들의 시합이 개최되었다?

검투 시합이나 동물들의 힘겨루기가 개최된 곳은 원형 경기장 circus이 아니라 관중석으로 둘러싸인 원형 극장 amphitheater이었다. 그리고 이곳에서도 우리가 영화 또는 소설에서 보던 선혈이 낭자한 시합은 자주 열리지 않았다. 둘 중 하나가 죽어야 끝나는 시합을 벌이기에는 해외에서 들여온 동물들의 몸값이 너무 높았기 때문이다. 이곳에서는 주로 동물들의 재주가 펼쳐졌다.

그리고 원형 경기장에서는 전차 경주나 기마병들의 행렬 등이 이루어졌으며 원형 경기장을 갖춘 도시는 그리 많지 않았다.

드루이드는 모두 마법사들이었다?

드루이드^{Druid}는 보통 켈트족 사제를 지칭하는 말이지만, 드루이드도 세 개의 계급으로 나뉘어졌다. 가장 높은 계급은 성직자였고, 그다음이 예언자, 마지막이 음유 시인들이었다. 이들은 계급별로 각각 비밀 조직을 결성했는데, 성직자들의 비밀 조직은 20년 동안 지속되었지만, 음유 시인들의 조직은 7년밖에 이어지지 않았다.

드루이드들은 켈트족 외에도 다양한 부족 출신의 중립적인 인물들로 이루어져 있어서 판사나 정치적 갈등의 중재자 등으로도 활약했다고 한다.

그리스 신들 중 최고의 바람둥이는 제우스다?

그리스 신화에 나오는 제우스의 여인들은 모두 31명이라고 한다. 그리고 제우스와 형제 사이인 바다의 신 포세이돈(제우스의 형이라는 설과 동생이라는 설 모두 존재한다)의 여인들은 34명이 등장한다. 이와 같은 사실에 비추어 포세이돈의 연애담이 더 많아야 하는데 2인자인 포세이돈은 주로 바다 속 궁전에서 살았으며 자식 사랑이 각별해 자신의 아들 폴리페무스의 눈을 멀게 한 오디세우스를 괴롭힌 것으로 더 잘 알려져 있다.

포세이돈.

아폴론은 그리스의 태양신이다?

아폴론은 원래 문학과 음악, 의술, 가축, 궁술, 예언을 주관하는 신이었고 태양신은 아폴론의 아들인 포이보스^{Phoebus}(헬리오스로도 불린다)다. 그러다 아버지 아폴론의 이름과 아들 포이보스의 이름이 합쳐져 '포이보스 아폴론'으로 불리게 되었다고 한다.

멜포이 섬에 있는 아폴론 신전은 앞일을 예언하는 신탁으로 유명했다.

선악과는 사과였다?

성경에는 원죄의 씨앗이 된 열매에 대해 눈이 밝아지는 열매, 즉 선과 악을 구분할 수 있게 해주는 열매라고만 나와 있을 뿐, 어떤 구체적인 설명도 없다. 또한 하와가 아담을 유혹했다고 알려져 있지만 이것이 진실인지 단정 지을 수도 없다고 한다. 그렇다면 왜 사람들은 선악과가 사과라고 인식하게 된 것일까?

이는 라틴어 성경 때문일 것으로 추정되고 있다. 라틴어 '말룸^{malum}'이 '사악함'이라는 뜻도 되지만 '사과'라는 뜻도 되기 때문이다. 성경에는 사과와 관련된 에피소드가 등장하지 않으며 따라서 선악과를 사과라고 착각하게 된 계기가 성경에서 비롯된 것은 아닐 것으로 보고 있다.

예수가 태어난 해는 0년이다?

고대 로마의 계수법에는 0이라는 숫자가 아예 없었기 때문에 0년에는 아무도 태어나지 않았다. 그렇다면 A.D. 연도는 어떻게 나온 것일까?

6세기의 성직자 디오니시우스 엑시구우스$^{Dionysius\ Exiguus}$ $^{(470\sim540년경)}$가 새로운 연도 계산법을 도입해 예수의 출생 연도를 계산한 뒤 해당 연도를 '서기$^{AD,\ Anno\ Domini}$ 1년'으로 결정했다. 이를 기준으로 연도를 거슬러 올라가는 계산법, 즉 '기원전$^{BC,\ Before\ Christ}$'이라는 개념이 도입되었다. 그리고 기원전 1년의 다음 해는 0년이 아니라 서기 1년이 되었다. 이에 따라 1901년 1월 1일부터 20세기가 시작되고 2001년 1월 1일에 21세기가 시작되는 것도 이와 같은 원리에서 비롯된 것이다.

거품에서 태어난 미의 여신 아프로디테?

두 가지 설이 있다. 사람들의 흥미를 끈 것은 제우스의 아버지인 크로노스Cronos가 자신의 아버지, 즉 제우스의 할아버지인 우라노스Ouranos의 성기를 잘라 바다로 던지자 정액과 파도 거품이 섞이면서 아프로디테가 탄생했다는 헤시오도스의 작품에 등장하는 거품에서 태어난 아프로디테이다. 하지만 이는 오직 헤시오도스의 작품에만 등장할 뿐 다른 작품들에서는 제우스와 디오네Dione 사이에서 태어난 딸이 아프로디테라고 나와 있다.

소문난 악처로 꼽히는 소크라테스의
아내 크산티페는 정말 악처였을까?

남겨진 자료에 따르면 소크라테스$^{Socrates(BC\ 469~399)}$의 아내 크산티페^{Xanthippe}는 사람들 앞에서 남편에게 마구 소리 지르고 바가지를 긁었으며 구정물을 끼얹기도 하는 등 매우 드셌다고 한다. 그런데 사실 소크라테스는 50여 살에 크산티페와 결혼한 뒤 전혀 집안을 돌보지 않았다고 한다. 제자들에게 수업료도 받지 않고 오직 학문에만 관심이 있었던 무심한 남편 소크라테스 대신 크산티페는 세 아들을 키우며 생계를 꾸려나가야 했으니 악처라고 단정하기에는 크산티페도 억울할 듯하다.

쾌락주의는 순전히 쾌락만을 추구하는 학파다?

그리스 철학자 에피쿠로스$^{Epicouros(BC\ 341\sim270)}$가 주창한 쾌락주의^{hedonism}는 절제하는 삶을 살 때 비로소 진정한 쾌락을 누릴 수 있다는 것이었다. 하지만 현재 쾌락주의는 가장 가치 있는 인생의 목적이 쾌락이며 따라서 인간의 모든 행동과 의무의 기준을 쾌락으로 보고 있다. 따라서 쾌락주의자들은 감각적·육체적 쾌락의 충족을 선으로 추구한다고 알려져 있다.

형이상학은 '물리학 뒤에 숨어 있는' 수상한 학문이다?

　형이상학 metaphysics은 '뒤'를 뜻하는 그리스어 접미사 '메타 meta'와 '물리학 physics'이 결합되어 형이상학의 어원만 보면 물리학적 측면이 보이지만 '신은 존재하는가?', '선善이란 무엇인가?', '인간에게 자유 의지가 있는가?', '인간의 행동은 이미 정해져 있는 것인가?'와 같은 눈에 보이지 않는 현상과 추상적 질문들을 다루기 때문에 형이상학이야말로 철학 중의 철학이라 할 수 있다. 하지만 일반적 결론을 도출해낼 수 없기 때문에 현재 형이상학의 가치를 둘러싼 논쟁이 벌어지고 있다. 그리고 과거부터 현재까지 인간이라면 여전히 누구나 한 번쯤은 형이상학적 고민에 빠져본 적이 있을 것이다.

미학은 아름다움을 다루는 학문이다?

그리스어 '아이스테시스[aisthesis]'에서 나온 미학[aesthetics]은 아름다움뿐만이 아니라 감각적 인식에 관한 모든 것을 연구하는 학문이다. 아름다움, 향기뿐만 아니라 추악함과 악취도 미학의 연구 대상이 된다. 〈이상한 나라의 앨리스〉 중 앨리스와 가짜 거북이의 대화에서도 미학에 대한 이야기가 나온다. 만약 아름다움만을 다루는 학문이라면 '에스테틱스'가 아니라 아름다움을 뜻하는 그리스어 '칼리스틱스[kallistics]'로 불렸을지도 모른다.

> "나는 생각한다, 고로 존재한다"는
> 데카르트가 남긴 말이다?

데카르트$^{\text{René Descartes(1596~1650)}}$는 정확하게 다음과 같이 말했다.

> 나는 의심한다, 고로 존재한다. 혹은 결국 같은 뜻인데, 나는 생각한다, 고로 존재한다$^{\text{Dubito, ergo sum, vel, quod idem est, cogito, ergo sum}}$

성 아우구스티누스$^{\text{Sanctus Aurelius Augustinus(354~430)}}$도 저서 《신국론$^{\text{De civitate Dei}}$》에서 다음과 같이 기록했다.

> 실수를 저질렀을 때에도 나는 존재한다. 존재하지 않는 자는 실수도 할 수 없기 때문이다$^{\text{Si enim fallor, sum. Nam qui non est, utique nec falli potest}}$

루소는 "자연으로 돌아가라!"고 말했다?

프랑스 철학자 장 자크 루소$^{Jean\ Jacques\ Rousseau(1712~1778)}$는 "자연으로 돌아가라!"라는 말을 한 적이 없다. 인간의 선함을 믿었던 루소는 자발적이고 민주적인 방법으로 사회 구성원들 간에 합의를 도출하고, 나아가 타고난 자질과 천성을 해치지 않는 방향으로 교육이 이루어져야 한다는 사회 계약설을 제시했다.

세상에서 가장 많이 팔린 책은?

성경은 40억 부 이상 팔렸다. 현대의 베스트셀러는 조앤 롤링의 〈해리포터 시리즈〉로 4억 5천 만부 이상 팔린 것으로 알려져 있다.

너 그거 아니?

한 번은 궁금했을, 잘난 척하기 좋은
자연 지식들

세상의 모든 생물은 동물이 아니라면 식물이다?

인류는 오랫동안 모든 생물은 식물 아니면 동물이라고 생각해왔다. 하지만 자연에 대한 연구에 연구를 거듭한 끝에 동물과 식물 이외에도 생물이 존재함을 깨달았다. 그 결과 생물을 세균^{bacteria}, 고세균^{archaea}, 진핵생물^{eukaryota}의 세 그룹으로 구분하게 되었다. 그중 세포핵이 없는 단세포 동물인 세균과 고세균을 하나로 묶어 원핵생물^{prokaryote}이라 부른다. 그리고 진핵생물은 세포핵을 가지고 있다.

버섯은 식물이 아니라 균이다?

　세포핵을 가진 진핵생물은 동물과 식물, 균류^{fungus}와 원생생물^{protist}로 나뉜다. 그중 버섯버섯은 식물이 아니라 균류에 속한다. 그렇다면 식물이 아닌 균류로 분류한 이유는 무엇 때문일까?

　보통 식물은 체내에 엽록소가 있다. 그런데 버섯은 엽록소가 없고 세포벽에 키틴질^{chitin}이 함유되어 있다. 키틴질은 식물이 아니라 동물에게서 나타나는 특징이기 때문에 어떤 학자들은 버섯이 식물보다 동물에 더 가깝다고 주장한다.

산호는 식물일까 동물일까?

산호는 동물이다. 산호를 떠올리면 아름다운 붉은 산호^{Corallium} ^{rubrum}를 떠올리기 쉬운데 사실 진홍색의 아름다운 보석 산호가 이 붉은 산호의 골격을 이용해 만든 것이다.

산호는 몸통의 한쪽 끝은 해저면이나 바위에 붙어 있고 반대쪽 끝에는 촉수들로 둘러싸인 입이 있으며, 석회질을 분비하여 단단한 껍데기를 생성하는 폴립형 구조로 되어 있다. 이와 같은 산호들이 모여 군체를 형성한 것이 바로 산호초$^{coral\ reef}$이다.

아름다운 장미에는 가시가 있다?

우리가 장미의 가시로 알고 있는 부분은 정확하게는 가시^{thorn}가 아니라 피침^{prickle}이다. 피침은 줄기 표면 즉 껍질에서 가시처럼 돋아나와 쉽게 부러뜨려지며 산딸기의 가시도 피침이다.

가시는 식물의 몸 안에서부터 겉으로 자라기 때문에 쉽게 분리되지 않으며 이를 엽침이라고 한다. 아카시나무에서 볼 수 있다.

우리가 먹는 딸기는 과일이 아니라 장미목 장미과의 채소다?

딸기는 장미목 장미과의 여러해살이풀로 우리가 먹는 딸기의 과육도 사실 열매가 아니라 과탁이라고 부르는 열매 턱$^{fruit\ receptacle}$이다. 딸기의 진짜 열매는 붉은 과육이 아니라 딸기의 씨라고 알고 있는 점점이 박혀 있는 단단한 알갱이들이다.

멜론은 과일일까 채소일까?

 멜론은 오이나 호박과 친족 관계인 박과에 속하기 때문에 채소로 분류해야 한다는 학자들과 단맛이 난다는 점에서 과일로 분류해야 한다고 주장하는 학자들로 나뉜다. 그런데 '과일'은 식물이 키운 열매이고 '채소'는 과일을 제외한 모든 식용 식물이라고 정의할 경우, 박과 식물들은 모두 과일로 분류해야 한다. 그뿐 아니라 콩과 식물이나 파프리카, 토마토, 가지 등 가짓과에 속하는 식물들도 모두 다 과일로 분류되어야 한다.

우리가 뿌리채소로 알고 있는 감자의 정체는?

감자는 땅속에서 캐기는 하지만 사실 땅속에 묻혀 있는 마디로부터 뻗어나온 가느다란 줄기 끝이 비대해져서 형성된 덩이줄기이다. 즉 감자는 뿌리채소가 아니라 줄기채소인 것이다. 대표적인 뿌리채소로는 고구마와 당근이 있다. 그런데 사실 뿌리채소, 줄기채소, 열매채소로 구분하는 방법은 학술적으로 인정받은 정식 구분법은 아니다.

단풍이 물드는 가을은 정확한 표현일까?

가을이 되면 나뭇잎은 노란색이나 주황색, 빨간색으로 단풍이 든다. 우리는 이 모습을 단풍이 든다고 한다. 그런데 사실 단풍은 물드는 것이 아니라 엽록소가 파괴되면서 초록색이 사라지며 물이 빠지는 현상이다. 그 결과 싱그러운 초록색으로 가려져 있던 안토시안anthocyan과 카로티노이드carotinoid 등 400여 개의 색채들이 드러난다. 이것이 바로 초록잎에 단풍이 드는 이유이다.

목이 긴 기린은 목이 짧은 동물보다 목뼈의 개수가 더 많을까?

하늘 높은 줄 모르는 기린과 땅 낮은 줄 모르는 쥐의 목뼈는 똑같은 일곱 개이다. 포유동물은 대부분 일곱 개의 목뼈를 가지고 있는데 세발가락나무늘보$^{three-toed\ sloth}$처럼 아홉 개를 가진 동물도 있다. 그렇다고 해서 다른 동물들보다 특별히 더 긴 목을 가지고 있지도 않다. 대신 고개의 회전 각도는 다른 동물들보다 훨씬 더 크다. 바다소라는 별명을 가진 매너티^{manatee}는 여섯 개의 목뼈를 가지고 있는데 목의 길이는 확연히 짧다. 이런 포유동물과 달리 조류나 파충류는 목뼈의 개수가 많을수록 목의 길이도 더 길다고 한다.

세발가락나무늘보.

매너티.

풍성한 갈기가 있으면 수사자이고 갈기가 없으면 암사자다?

더 이상 새끼를 낳을 수 없는 늙은 암사자들의 목덜미 주변에도 갈기가 자란다. 또한 갈기 없는 수사자도 있다. 하지만 암사자들은 풍성한 갈기를 선호하기 때문에 갈기 없는 수사자들은 번식 경쟁에서 뒤처질 수밖에 없다.

한편, 사냥 시기와 사냥 장소를 결정하는 것은 암사자이지만 먹잇감을 사냥한 뒤에는 수사자가 암사자보다 먼저 시식할 권리를 갖는다.

과학적 가설은 실험을 통해 완전히 검증할 수 있다?

실험을 백 번이든 천 번이든 만 번이든 아무리 많이 해도 해당 가설이 참이나 거짓일 확률만 달라질 뿐, 완전한 검증은 있을 수 없다. 어떤 종류의 실험이든 결국 실험이 진행되는 바로 그 순간, 바로 그 조건에서 특정 결과가 나왔다는 사실을 입증할 뿐이기 때문이다. 즉 아무리 많은 실험을 해도 그 결과가 언제 어디서든 적용된다는 보장은 없으며 다만 다른 장소, 다른 시점, 다른 조건에서도 똑같은 결과가 나올 것이라는 확률만 높아질 뿐이다.

만약 번개에 맞으면 어떻게 될까?

번개에 맞은 사람 중 약 35~40%가 목숨을 잃는다고 한다. 또 목숨을 잃지 않는다 해도 심장이나 뇌, 눈과 귀에 심각한 손상을 입을 수 있다. 남아시아에서는 해마다 번개로 수백 명이 목숨을 잃고 있으며 2016년 공식 집계된 사망자만 200명이었으며 집계되지 않은 사망자까지 하면 최소 349명이 넘었을 거라고 한다.

참고로 번개가 칠 때 커다란 나무 아래로 몸을 피하는 것은 위험하다. 큰 나무일수록 번개를 맞을 확률이 더 높기 때문이다. 나무에 내리친 번개는 대부분 지표면으로 들어가지만 일부는 고압인 상태로 공기 중에 방출되기 때문에 그걸 맞고 사망할 수 있다. 또 허허벌판에 서 있는 것보다 차 안에 있는 것이 더 안전하다. 단 차의 엔진과 오디오를 모두 끄고 내부의 금속 부분이나 유리와 접촉해서는 안 된다. 이렇게 하면 자동차가 번개를 맞더라도 외벽과 타이어를 타고 지표면으로 흘러 패러데이 케이지 같은 역할을 해주기 때문이다. 하지만 가장 안전한 것은 몸이 피뢰침이 되지 않도록 땅에 납작 엎드리는 것이다.

자연 지식들

차가운 물과 뜨거운 물 중 어떤 상태가 더 빨리 얼까?

이런 의외의 질문은 답이 간단하다. 이런 질문의 답은 상식을 벗어나는 듯한 것이 정답이기 때문이다. 그렇다. 뜨거운 물이 차가운 물보다 더 빨리 언다. 과학자들은 이와 같은 결과가 일어나는 이유를 증발 현상 때문일 것이라고 추측했지만 뚜껑을 닫은 상태에서도 뜨거운 물이 찬 물보다 더 빨리 언다는 사실이 증명되면서 지금도 정확한 이유는 아직도 밝혀지지 않은 상태다.

바닷물, 강물, 호수가 어는 순서는 얕은 곳에서 깊은 곳 순이다?

빠르게 흐르는 물이라면 즉 유속이 아주 빠른 경우에는 바닥부터 언다. 얕은 곳의 물은 계속 흐르기 때문에 쉽게 얼지 않는 반면 바닥 쪽의 물은 느리게 흐르기 때문에 먼저 얼기 시작한다. 그중 바닥이 움푹 패인 곳은 물의 흐름이 거의 없기 때문에 더더욱 어는 것이 빠르다. 그렇다면 물이 고여 있는 호수는 어떨까? 호수는 대부분 얕은 곳부터 얼지만 온도가 매우 낮다면 바닥부터 얼 수 있다고 한다.

> '공기처럼 가볍다'라는 말이 있다.
> 그렇다면 공기의 무게는 어떻게 될까?

온도와 기압에 따라 다르지만 우리가 살고 있는 1기압에서의 공기의 무게는 1m³당 1.2kg 정도라고 한다. 1.2kg의 대부분인 약 78%는 질소 분자가, 약 20%는 산소 분자가 차지한다. 그리고 나머지는 약 1%가 들어 있다. 이처럼 공기의 무게는 결코 가볍지 않다. 그럼에도 왜 우리는 공기의 무게를 느끼지 못하는 것일까?

그건 바닷속 물고기처럼 우리 역시 공기의 바다 속에서 살고 있기 때문이다. 따라서 깃털보다 가볍다는 공기는 맞지 않는 말이다.

그렇다면 우리는 공기의 무게를 전혀 느낄 수 없는 것일까? 바람이 얼굴에 정면으로 부딪칠 때 우리는 공기의 질량을 느낄 수 있다고 한다.

사람이 많을수록 산소 소비량이 늘어나 공기가 더 나빠진다?

사람이 많은 곳의 공기가 탁한 이유는 산소가 부족해져서가 아니라 사람들이 호흡하는 과정에서 배출되는 이산화탄소량 때문이다. 공기 중에 산소가 차지하는 비율은 약 23%로, 사람이 호흡해서 줄어드는 양은 그리 많지 않다. 그보다는 음이온을 띤 산소가 풍부할수록 공기가 더 신선하게 느껴지는데 실내에서는 음이온이 발생하지 않기 때문에 이산화탄소량과 탁하게 느껴지는 공기로 인해 실내에 사람이 많으면 공기가 나빠진다고 느끼게 되는 것이다. 숲이나 바다 등 야외로 나갔을 때 신선한 공기를 느끼는 것도 같은 이유에서다. 그리고 천둥 번개가 치며 폭우가 내릴 때 음이온이 많이 발생한다고 한다.

쥐라기와 백악기 시대의 지배자 공룡들은 빙하기 직전에 멸종되었다?

쥐라기와 백악기 시대의 지배자 공룡이 멸종된 이유에 대해서는 아직도 많은 학자들이 연구 중에 있다. 공룡의 멸종에 대한 설은 여러 가지가 있으며 빙하기의 시작도 그중 하나이다. 그런데 공룡의 시대는 지금으로부터 6500만 년 전 백악기 때 끝났고, 빙하기는 200~300만 년 전에 시작되었다. 즉 공룡은 빙하기 직전이 아니라 훨씬 더 이전에 멸종된 것이다.

태양은 움직이지 않고 태양계 행성들이 태양을 중심으로 돌고 있다?

태양 역시 자전하면서, 우리 은하의 중심을 공전하고 있다. 태양의 공전 속도는 초속 220km이며 한 번 공전하는 데 총 2억 5000만 년이 걸린다. 그런데 태양이 공전하는 동안 태양계 역시 우리 은하의 중심을 공전하기 때문에 태양의 공전으로 인해 태양과 지구의 거리가 달라지지는 않는다.

> ## 지구에만 대기가 존재하기 때문에
> 지구에만 생명체가 살 수 있다?

대기는 행성을 둘러싸고 있는 가스 덩어리를 말한다. 대기는 행성의 중력장 때문에 우주 공간으로 흩어지지 않고 행성 주변에 머무르는 공기이며 지구에만 존재하는 것이 아니라 다른 행성에서도 찾아볼 수 있다. 다만 행성마다 대기의 구성 성분이 조금씩 다르며 중력이 약한 작은 행성들은 대기의 두께가 지구보다 훨씬 얇다. 화성은 대기의 95%가 이산화탄소이고, 질소, 메탄, 아르곤, 일산화탄소, 산소, 수증기 등이 나머지 5%를 이루고 있다. 또한 과거 화성의 대기층은 매우 두꺼웠지만 태양풍 때문에 지금은 많이 얇아졌다고 한다.

뿐만 아니라 2007년 과학계에서는 관측을 통해 달에 물이 존재한다는 사실을 밝혀냈으며 2018년 NASA에서는 달의 극지방 주변 분화구에서 얼음의 존재를 확인했고 2020년에는 달 표면에 물 분자가 분포한다는 발표를 했다. 2020년 중국 무인 탐사선 창어 5호가 달에서 채취한 2kg의 흙과 암석 표본을 분석한 결과 약 흙 1톤당 120g의 물이 함유되어 있음을 밝혀냈다.

인간과 바나나 사이에는 공통점이 있다?

인간의 몸은 30억 개의 염기쌍으로 이루어져 있으며 인간의 유전자는 약 99.9%가 서로 일치한다. 나머지 부분에 서로 다른 부분들 예를 들어 눈동자 색, 머리카락 색, 각자의 개성과 특징들, 질병 등의 정보가 들어 있다.

인간과 가장 가까운 동물은 침팬지다. 대략 96% 정도가 인간과 유사하다고 한다. 2007년 발표된 연구에 따르면 고양이는 약 90% 정도가 유사하다고 한다.

2009년 〈사이언스지〉에는 소와 인간의 유전자가 약 80% 정도 유사하다는 연구 결과가 실렸다. 이처럼 포유류는 인간과의 유사성이 높지만 곤충으로 넘어가면 유사성은 확실하게 적어진다. 그런데 초파리만은 인간과 61%의 공통점이 발견되었다. nasa에서는 초파리를 이용해 우주여행이 인간의 유전자에 미치는 영향을 연구했기 때문에 매우 중요한 정보였다.

그렇다면 식물인 바나나와 인간의 유전자는 어떨까? 놀랍게도 약 50% 이상 유사하다고 한다.

우리나라는 지진에서 얼마나 안전지대일까?

최근 지진 발생 소식이 전 세계에서 전해지고 있다. 우리나라도 지진에서 안전한 국가는 아니다. 그렇다면 지진의 강도에 따른 피해는 어떤 모습일까?

지진의 강도를 나눈 대표적인 것이 리히터 규모인데 10단계로 정리된다. 진도 규모가 1씩 커지면 진폭의 강도는 10배씩 증가한다고 한다.

진도 1	전 세계에서 매일 8000여 건 정도가 일어나고 있다.
진도 2	매달려 있는 물체가 살짝 흔들리는 정도의 위력이라고 한다.
진도 3	전 세계에서 1년에 약 4만 9000여 건 정도가 일어나고 있다. 트럭이 지나갈 때 느껴지는 진동이나 서 있는 자동차가 살짝 흔들리는 정도의 위력이다.
진도 4	대부분의 사람이 느낄 수 있으며 큰 트럭이 건물을 들이박는 듯한 느낌 정도의 위력이라고 한다.
진도 5	접시와 창문이 깨지거나 벽에 금이 가고 큰 나무 등이 흔들리는 정도의 위력이다.

진도 6	무거운 가구들이 움직이고 사람들이 밖으로 뛰쳐나올 정도이며 어딘가 무너지거나 산사태가 발생할 수 있다.
진도 7	대표적인 사례로는 2010년 아이티 대지진이 있다.
진도 8	대표적인 사례로는 2008년 스촨 대지진이 있다.
진도 9	대표적인 사례로는 1960년 칠레 대지진과 일본 후쿠시마 대지진이 있다. 이 두 지진은 모두 쓰나미로 인한 피해가 컸다.
진도 10	아직까지 일어난 적이 없기 때문에 그 파괴력을 알 수 없다.

우리나라에서는 2016년 9월 12일 경주에서 발생한 5.8 규모의 지진과 2018년 11월 15일 포항에서 발생한 5.4 규모의 지진이 가장 강도가 높았던 지진으로, 더 이상 우리나라가 지진에서 안전지대가 아님을 확인하게 되었다.

우리가 알아두면 좋은 방정식으로는 어떤 것들이 있을까?

실생활에서 쓸 것은 아니다. 하지만 어디든지 한두 번은 꼭 보게 되는 방정식이므로 그저 어떻게 생겼는지 기억만 해두자.

피타고라스의 정리

$$a^2 + b^2 = c^2$$

a, b: 직각삼각형의 짧은 두 변
c: 직각삼각형의 긴 변

알베르트 아인슈타인의 일반상대성이론

$$E = mc^2$$

E: 에너지, m: 질량, c: 빛의 속도

융자금 상환

$$P = \frac{Cr(1+r)^N}{(1+r)^N - 1}$$

P: 월 상환액, n: 개월 수
r: 월별 이자(연이율의 1/12)

뉴턴의 운동 제2법칙

$$F = ma$$

F: 작용한 힘, m: 질량, a: 가속도

인류의 가장 위대한 발명품은 무엇일까?

인류의 가장 위대한 발명품을 꼽으라고 하면 보통 바퀴가 언급되지만 사실은 손도끼hand ax이다. 인류는 자연에서 우연히 발견한 도구들을 활용하기는 했지만 직접 만든 최초의 도구는 손도끼였다. 그리고 손도끼를 발명한 후부터 사용 용도에 맞는 수많은 도구들을 제작하기 시작했다. 즉 인류의 최초의 발명품이 손도끼인 것이다. 바퀴wheel가 등장하기 전까지의 위대한 문명으로는 이집트의 피라미드나 영국의 스톤헨지 등이 꼽히며 바퀴가 등장한 후 인류는 빠르게 발전하기 시작했다.

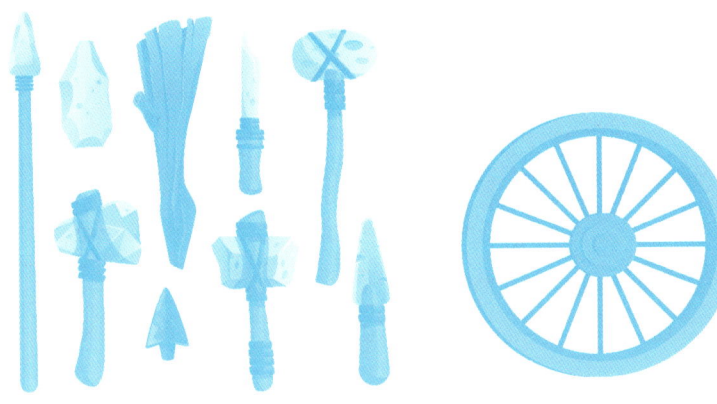

너 그거 아니?

?

우리가 알고 있는
것과는 다른
역사적 사실들

가톨릭 국가의 출산율이 다른 나라에 비해 더 높다?

중세시대 유럽의 국교였던 가톨릭은 낙태를 죄악으로 여긴다. 그리고 현재까지 전통적 가톨릭 국가로는 스페인과 이탈리아 등이 있다. 그런데 이 두 나라의 출산율은 가임 여성 1명당 1.2명꼴로, 다른 유럽 국가들보다 오히려 낮다.

유럽 전체의 평균 출산율은 1.5명이며 독일은 아이를 낳지 않거나 적게 낳는 추세가 일찍부터 시작되어 가장 낮은 출산율을 보여주고 있다고 한다.

렘브란트의 〈야간 순찰대〉의 숨겨진 진실?

1891년, 네덜란드 암스테르담 국립미술관Rijksmuseum Amsterdam 은 유명해진 렘브란트Harmensz van Rijn Rembrandt(1606~1669)의 그림을 창고에서 꺼낸 뒤 그림 상태를 보고 〈야간 순찰대〉라는 제목을 붙였다. 그런데 사실 〈야간 순찰대De Nachtwacht, Nightwatch〉는 밤에 순찰을 도는 대원들을 그린 것이 아니었다. 이와 같은 진실은 1911년 두꺼운 유약을 벗겨내면서 알려졌다. 두꺼운 유약을 벗겨내자 반짝이는 빛들이 모습을 드러냈고 렘브란트가 묘사한 것은 대낮에 한 자리에 모여 있는 암스테르담 민병 대원들이었다.

그렇다면 왜 야간 순찰대로 생각하게 만드는 모습으로 창고에 있었던 것일까? 그림 속 민병 대원들이 무단 도용된 자신들의 모습에 분노해 창고 신세를 지게 되면서 세월의 무게를 이기지 못해 퇴색된 것이 1891년 작품을 꺼냈을 때의 상태였고 이를 오해해 이와 같은 제목이 붙게 된 것이었다.

진시황의 병마용은 모두 직접 제작한 것이다?

　진시황제^{秦始皇帝(BC 259~210)}의 무덤을 지키는 테라코타 병사들은 모두 각각 제작된 것이 아니라 틀을 이용해 안쪽은 비워둔 채 몸통의 전면과 후면을 이어 붙여 대량 제작된 것이다. 다만 실제 사람을 모델로 해서 제작했으며 머리와 양손 역시 기본적으로는 틀을 이용해 본을 뜬 후 각각 머리의 방향과 손 모양이 서로 다르도록 일일이 따로 조립했다. 또한 병사들의 표정이나 머리 모양, 갑옷에도 조금씩 변화를 주었다고 한다.

세계 최대의 피라미드는 이집트에 있다?

　세계에서 가장 높은 피라미드는 높이가 136m인 쿠푸 왕의 피라미드다. 하지만 세계에서 가장 큰 규모의 피라미드는 멕시코에 있는 촐룰라의 피라미드다. 높이는 54m밖에 되지 않지만 바닥 면적이 매우 넓어 총 부피가 쿠푸 피라미드보다 30% 더 크다고 한다. 아즈텍인들이 날개 달린 뱀의 형상을 한 신 케찰코아틀^{Quetzalcoatl}을 기리기 위해 쌓은 이 피라미드는 A.D. 200년부터 건축이 시작되어 여러 문명을 거치며 반복되어 지어졌다. 스페인에 정복되었을 때는 톨텍 신전을 부수고 성당을 지었다. 여전히 발굴 작업이 진행 중이다.

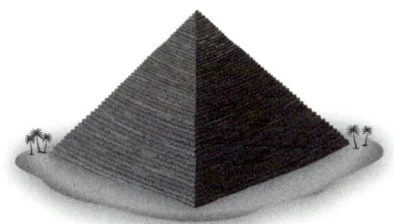
쿠푸 피라미드.

촐룰라의 피라미드.

자유의 여신상은 뉴욕에 있다?

　자유의 여신상은 1880년대 맨해튼 남부의 작은 섬에 세워졌다가 지금은 허드슨^{Hudson} 강과 이스트^{East} 강이 이어지는 진입로에 별 모양의 담장으로 둘러싸여 있다.

　많은 이들이 자유의 여신상을 뉴욕의 상징이라고 생각하지만, 자유의 여신상이 있는 리버티 섬은 위치상 뉴욕이 아니라 뉴저지 주에 속하고, 법적으로는 뉴저지가 아니라 연방 정부의 영토에 속한다.

'볼셰비키'는 러시아어로 '공산주의자'를 뜻한다?

러시아어로 공산주의자는 코뮤니스트^{коммунист}이다. 그런데 우리는 공산주의자를 이야기할 때 볼셰비키를 떠올린다. 사실 볼셰비키는 러시아어로 다수파를 뜻한다.

볼셰비키는 1903년, 러시아사회민주노동당에서 분리돼 나온 레닌 중심의 다수파를 말하는데 과격한 혁명주의자 또는 과격파의 뜻으로도 쓰인다. 반대쪽에는 소수파를 뜻하는 멘셰비키가 있었지만 1912년, 볼셰비키가 멘셰비키를 당에서 제명한 뒤 1917년 10월(당시 러시아의 달력은 우리가 쓰던 달력과 달랐다)에 혁명을 일으켰다. 바로 10월혁명이다.

2월혁명으로 차르 체제가 붕괴된 후 과도 정부를 이끌고 있던 멘셰비키를 몰아내고 정권을 장악하면서 볼셰비키는 러시아의 공산당원을 뜻하는 말이 되었지만 1952년 해당 표현이 모욕적이라며 이 단어의 사용이 공식적으로는 금지되었다.

러시아 혁명은 10월에 시작되었기 때문에 '10월혁명'으로도 부른다?

전 세계 국가들 대부분이 사용하고 있는 달력은 그레고리안력 Gregorian calendar(지금의 달력 체계)이다. 그 달력을 기준으로 한다면 10월혁명은 1917년 11월 7일 시작되었다. 그런데 왜 러시아혁명은 11월혁명이 아니라 10월혁명으로 불리는 것일까?

당시 러시아는 율리우스력 Julian calendar을 사용하고 있었다. 율리우스력에 따르면 10월혁명은 1917년 10월 25일 시작되었다. 공산주의자들은 1918년 혁명에 성공하자 그레고리안력을 도입했지만 '11월혁명'으로 고쳐 부르지 않고 계속 10월혁명으로 불렀다.

20세기 최악의 재앙은 무엇일까?

보통은 제1·2차 세계대전을 떠올리기 쉽다. 그런데 희생자 수로만 따지면 제1차 세계대전으로 사망한 사람은 최소 1천 만 명이지만 1918~1920년에 유행한 스페인 독감으로 사망한 사람은 최소 2,200만 명으로 추산된다.

하지만 그보다 더 많은 사망자를 기록한 것은 그 뒤에 일어난 제2차 세계대전으로, 대략 6,000만 명이 사망한 것으로 추정된다.

스페인 독감은 근현대사에서 가장 최악의 독감으로 평가받고 있으며 최근 코비드19가 그 뒤를 잇고 있다.

나폴레옹의 러시아 침공은 정말 추위 때문에 실패한 것일까?

러시아 원정에 실패한 나폴레옹은 "우리의 패배는 한파 때문이었다. 우리는 날씨의 희생양이다"라고 말했다고 한다. 그러나 사실 1812년, 나폴레옹이 러시아에 대패한 이유는 추위가 아니라 잘못된 전략 때문이었다.

러시아로 진격할 당시 나폴레옹은 초토화 전략을 실행하면서 순식간에 전쟁을 끝낼 수 있을 것이라고 믿었다고 한다. 하지만 러시아 군대가 후퇴 작전을 써오자 전략에 차질이 생겼고 퇴각할 때는 그들이 초토화시킨 곳을 퇴각로로 선택에 수천 명의 병사와 수천 마리의 말들이 굶어 죽을 수밖에 없었다.

그리고 현대의 기상학자들이 당시 날씨를 추적해본 결과, 나폴레옹의 군대가 러시아에서 혹독한 한파나 폭설에 시달린 일은 없었다고 한다.

〈나폴레옹의 러시아 철수〉 아돌프 노르텐의 작품.

남북전쟁은 정말 노예 해방 전쟁이었을까?

미국 남북전쟁은 노예 해방이 근본 원인이 아니었다. 그보다는 남부와 북부의 서로 다른 경제 구조가 원인으로, 농업 위주의 남부 연방주들이 자유로운 시장 경제를 원했던 반면 제조업이 발달한 북부 연방주들은 자신들이 생산한 공산품에 대해 관세를 매길 것을 요구했기 때문에 벌어진 전쟁이었다. 에이브러험 링컨(Abraham Lincoln(1809~ 1865))이 선출되자 노예 해방에 대한 우려가 아니라 모든 정책이 북부 위주로 돌아갈 것을 우려한 남부 연방주들은 1860~1861년 겨울 독립을 선언했다.

오늘날 세계에는 노예 해방 전쟁으로 알려져 있지만 오히려 북부에서는 흑인을 혐오하고 차별했으며 링컨의 고향인 일리노이를 포함한 여러 주 정부들은 흑인들이 그들의 주에 들어와 살지 못하게 하는 법을 만들었다고 한다. 그 외에도 노예 해방을 위한 전쟁이 아니었던 증거는 여러 가지가 있다.

콜럼버스는 정말 달걀을 세웠을까?

 발상의 전환의 예로 여러분은 콜럼버스의 달걀에 대한 이야기를 들어보았을 것이다. 그런데 이 유명한 일화에서 달걀을 세운 것은 콜럼버스가 아니라 이탈리아의 건축가 필리포 브루넬레스코$^{Filippo\ Brunellesco(1377~1446)}$였다.

 1421년, 브루넬레스코가 피렌체 대성당의 설계도를 공개하자 경쟁자들은 모두 실현 불가능하다고 했다. 그러자 브루넬레스코는 경쟁자들에게 달걀을 세로로 세워보라고 했고, 경쟁자들은 어이없는 요구에 황당해했다. 그러자 브루넬레스코는 달걀의 한쪽 끝을 깬 뒤 탁자 위에 세로로 세워 보인 뒤 대성당도 그와 같은 일이라고 역설했다.

 이 일화가 실제로 있었던 일인지는 정확하지 않지만 '콜럼버스의 달걀' 이야기로 와전된 것만큼은 분명하다.

마리 앙투아네트는 "빵이 없으면 케이크를 먹으면 되지"라고 말했다?

이 말은 장 자크 루소$^{Jean\ Jacques\ Rousseau(1712~1778)}$의 1760년 작품 《고백록$^{Les\ Confessions}$》에서 최초로 언급되었다. 그리고 마리 앙투아네트$^{Marie\ Antoinette(1755~1793)}$는 1774년 루이 15세가 사망하고 나서 왕세자비에서 왕비가 되었다. 때문에 1760년에 나온 《고백록》 속 문장을 마리 앙투아네트가 말했을 리는 없다고 한다.

그럼에도 불구하고 마리 앙투아네트가 말한 것으로 알려진 것은 당시 프랑스의 상황 때문이다.

루이 15세의 실정에 고통받던 프랑스인들은 새로 즉위한 루이 16세와 그의 아내 마리 앙투와네트에게 환호했지만 루이 15세의 실패한 정책들이 수습되지 못하면서 그 모든 책임이 이들에게 돌아왔다. 환호는 조롱으로 바뀌었고 세상 물정 모르는 마리 앙투아네트는 조롱의 대상이 되면서 이와 같은 말의 주체가 와전된 것으로 추정하고 있다.

마르코 폴로의 여행지에는 중국도 있었다?

마르코 폴로$^{Marco\ Polo(1254~1324)}$는 중국도 다녀왔다고 주장했지만 그가 묘사한 중국의 모습이 부정확해 그의 말을 믿기에는 무리가 있다. 역사가들은 마르코 폴로가 쿠빌라이 칸$^{Khubilai\ Khan(1215~1295)}$ 시절 몽골 제국의 수도였던 카라코룸^{Karakorum}까지만 다녀갔으며 그곳에서 중국에 대한 소식을 들었을 것으로 추측하고 있다. 일부 학자들은 이것마저 부정하며 마르코 폴로가 콘스탄티노플까지밖에 못 갔을 것이라고 주장한다.

백년전쟁은 정확히 100년 동안 지속되었다?

프랑스와 영국 사이에서 일어난 백년전쟁은 정확히 116년 동안 이어졌다. 1337년, 영국 왕 에드워드 3세$^{\text{Edward III}(1312~1377)}$가 프랑스의 왕위 계승권자임을 주장하면서 시작된 백년 전쟁은 1453년, 카스티용 전투를 끝으로 마무리되었다.

이 전쟁의 결과로 영국은 프랑스의 왕좌를 포기했을 뿐만 아니라 도버 해협에 면한 프랑스의 북부 항구 도시인 칼레^{Calais}를 제외한 프랑스 내 모든 점령지를 돌려주어야 했다.

고대 올림픽은 항상 정정당당한 스포츠 정신으로 치러졌다?

기원전 388년에 열린 올림픽에서 복싱 선수로 출전한 유폴로스Eupolos가 경쟁자 세 명에게 뇌물을 준 뒤 챔피언에 등극한 사건이 최초의 뇌물 스캔들로 기록되어 있다. 유폴로스가 제우스의 동상을 6개 기부하면서 이 사건은 마무리되었으며 월계관을 반납하지도 않았다. 비리를 저지른 자가 월계관을 반납해야 한다는 규정이 없었기 때문이다.

카이사르는 죽기 직전
"브루투스, 너마저"라고 했다?

"브루투스, 너마저!$^{Et\ tu,\ Brute!}$" 또는 "아들아, 너마저$^{!tu\ quoque,\ fili\ mi!}$"는 카이사르가 절친한 벗이었던 마르쿠스 주니우스 브루투스$^{Marcus\ Junius\ Brutus(BC\ 85~42)}$의 배신으로 죽어가며 남긴 말로 유명하다. 그런데 역사 기록에는 여덟 차례나 칼에 맞은 카이사르는 아무 말도 남기지 못하고 최후를 맞이했다고 기록되어 있다. 그렇다면 저 말은 어떻게 나왔을까?

이 말은 셰익스피어의 작품인 《헨리 VI》에 쓰인 후 다시 《줄리우스 시저》에 나오는 대사이며 믿었던 이에게 배신당했을 때 쓰이는 대표적인 인용문이다.

사회 복지 제도는 현대의 제도이다?

　사회 복지 제도의 역사는 아주 오래전부터 시작되었다. 페르시아에서는 질병과 출산으로 출근할 수 없는 직원에게 임금을 지급했고 지위 고하를 막론하고 남녀의 임금은 동일했다고 한다.

　우리나라에서는 사회 복지 제도를 펼친 대표적인 왕이 바로 세종대왕이다.

　세종대왕은 장애인을 위한 일자리를 제공하고 장애인과 그를 돌보는 가족과 70세가 넘는 사람에게는 부역을 면제했다. 또한 부모가 없거나 버려진 아이들을 돌보는 담당관청을 지정했고 부녀자를 전문으로 치료하는 의녀제도를 확충했으며 관비라 해도 산모에게는 100일의 출산휴가와 산모의 남편에게는 30일의 출산휴가를 주었다. 90세가 넘는 노인을 돌보는 복지정책도 있었다. 이처럼 세종대왕의 복지정책은 장애인, 여성, 노인, 어린이까지 신분을 막론하고 펼쳐졌으며 그 내용도 현대 사회 복지 제도와 견주어 전혀 손색이 없었다.

너 그거 아니?

알아두면 쓸모 있는 의학 지식들

최소한 하루에 한 끼는 따뜻한 음식을 먹어야 한다?

따뜻한 음식을 먹느냐 차가운 음식을 먹느냐 보다는 각종 영양소를 얼마나 골고루 섭취하느냐가 더 중요하다. 물론 올바른 조리법으로 익힌 음식을 먹어야 하는 것은 기본이다. 그럼에도 하루 한끼는 따뜻한 음식을 먹으라고 조언하는 이유는 대부분의 사람들이 제대로 된 음식을 먹을 때는 여유를 가지고 음미하며 먹기 때문이다.

1℃의 체온을 올리면 면역력이 5배 이상 상승한다?

 최근 체온이 1℃만 떨어져도 면역력이 30% 떨어지고 1℃만 올라도 5배 이상 면역력이 향상된다는 건강 이슈가 화제다. 이는 사실일까?

 1998년 노벨 생리학의학상을 받은 미국의 약리학자 루이스 이그내로louis Ignarro 박사는 심부 온도가 0.5℃ 상승하면 혈관 내에 일산화질소가 작용하면서 모세혈관이 확장되어 혈류의 흐름이 활성화되면서 해독 작용이 잘되는 동시에 혈당과 혈압과 고지혈증이 완화된다고 말했다.

 만약 체온이 떨어진다면 혈관이 수축되면서 혈액순환이 원활하지 못하게 되어 산소와 영양소를 몸 전체에 골고루 전해지는데 문제가 생길 수 있기 때문에 면역력이 저하되게 된다고 한다. 의사들은 차가운 물보다 미지근하거나 따뜻한 물이 몸에 좋다고 이야기한다. 이제 1℃의 체온을 올려 면역력을 높여보자.

흑설탕이 백설탕보다 더 몸에 좋다?

백설탕과 흑설탕의 정제 과정은 거의 동일하며 흑설탕에는 당밀^{molasses}이 추가되었다는 차이밖에 없다. 당밀에는 각종 미네랄이 함유되어 있지만 그 양이 매우 적기 때문에 큰 차이는 없다. 따라서 다양한 음식물을 통해 비타민과 미네랄을 충분히 섭취하고 있다면 굳이 설탕에서 무엇이 좀 더 좋은지를 비교할 필요는 없다(원당$^{raw\ sugar}$에는 비타민과 미네랄이 풍부하게 들어 있기 때문에 원당을 섭취해도 좋지만, 맛이 매우 강렬하고 독특해서 꺼리는 사람들도 많다).

흰 살 육류가 붉은 살 육류보다 몸에 좋다?

보통 가금류를 흰 살 육류로, 네 발 달린 동물들을 붉은 살 육류로 구분하고 있지만 사실 흰 살 육류와 붉은 살 육류의 구분 기준이 제대로 마련되어 있지는 않다. 또한 내용물을 분석해서 어느 편이 더 몸에 좋은지를 구분하는 방법도 간단하진 않다고 한다. 미국의 학자들 중에서는 실험 결과 붉은 살 육류가 흰 살 육류보다 인체에 더 유익하다는 결과가 나왔다고 발표했는데, 이 또한 돼지고기나 소고기를 가공할 때 들어가는 첨가물을 간과한 실험이었을 가능성이 있다. 첨가물 중 아질산염^{nitrite}은 인체에 매우 유해한 성분이며, 장기간 섭취하면 온갖 부작용을 일으킬 수 있다.

정말로 포화 지방산보다 불포화 지방산이 몸에 더 좋을까?

지금까지의 연구 결과로는 어느 쪽이 더 좋다고 단언할 수 없다. 대신 기름을 구입할 때는 복잡한 가공 과정을 거치지 않은 올리브유나 해바라기유 또는 버터 등과 같은 천연 기름인지를 확인할 것을 권하고 있다.

섬유질은 많이 섭취할수록 몸에 좋다?

　섬유소를 섭취하면 소화가 촉진되고 배변이 원활해지는 것은 사실이지만, 무조건 많이 먹는다고 좋은 것은 아니다. 우리가 섭취한 섬유소는 대장에서 지방산으로 분해되는데, 과다 섭취했을 때 지방산과 더불어 악취를 풍기는 가스도 생성되며 대장에도 무리가 갈 수 있다. 따라서 식이섬유 영양제는 소화가 잘 안 될 때 섭취하는 것이 좋으며 매일 복용하는 것은 바람직하지 않다. 그보다 과일이나 채소 등을 통해 섬유소를 섭취하는 것이 좋다.

식사량을 줄이면 위가 줄어든다?

식사량을 줄인다고 해서 일정한 위의 크기가 늘거나 줄어드는 것은 아니다. 다이어트를 하기 위해 식사량을 줄이면 소화체계가 줄어든 식사량에 익숙해지는 것뿐이며 따라서 과식을 하게 되면 소화기 계통에 탈이 날 수 있다.

살을 빼면 무조건 건강해진다?

비만이 다양한 질환을 유발한다는 사실은 누구나 다 아는 상식이지만 그렇다고 다이어트가 건강을 책임진다는 뜻은 아니다. 특히 단기간에 집중적으로 이루어지는 다이어트는 요요 현상만 초래할 뿐이다. 또한 무리한 다이어트는 신진대사 체계를 교란시키고 체내 수분 밸런스를 무너뜨리며, 간·쓸개·심혈관계 질환까지 유발할 수 있으니 위험하다. 또 체중을 줄인다고 무조건 심장마비나 동맥경화증 발발 위험이 낮아진다는 보장도 없다.

건강을 생각한다면 단기간에 무리하게 다이어트를 해서 몸무게를 빼는 방법이 아니라 식습관을 개선하고 꾸준히 운동하며 장기간에 걸쳐 서서히 체중을 줄이는 것이 좋다.

저칼로리 음식을 먹으면 날씬해진다?

현대 사회는 설탕과 지방 함량이 낮은 저칼로리 식품들의 시대이다. 그리고 이런 저칼로리 식품들을 만들 때에는 설탕 대신 인공 감미료를 쓴다. 단맛을 내지만 칼로리는 거의 없기 때문에 저칼로리 식품의 맛을 위한 좋은 재료가 되고 있는 것이다. 그런데 인공 감미료는 인슐린이 분해해야 할 '진짜 당분'이 없기 때문에 인슐린은 당분 대신 혈당을 분해하게 되어 혈당 수치가 낮아지는 결과를 불러오고 이는 다시 공복감으로 이어진다. 이에 따라 더 많은 양을 먹게 되는 부작용으로 살이 찌게 될 수도 있다. 그래서 우리는 저칼로리 음식이라고 해서 무조건 안심해서는 안 될 것이다.

눈앞에 검은 점이 떠다니는 것처럼 보이는 이유는?

가끔 눈앞에 검은 점이나 벌레가 떠다니는 듯한 느낌이 든다면 바로 병원에 가야 한다. 수정체와 망막 사이에 있는 유리체^{vitreous body}에 먼지나 이물질이 끼었을 때 나타나는 현상이기 때문이다.

비문증^{muscae volitantes} 혹은 날파리증^{flying flies}으로 부르는 이 질병은 보통은 어느 정도 시간이 지나면 자연스레 사라지지만, 시야가 심각하게 혼탁하거나 섬광 같은 것이 보인다면 즉시 의사의 진찰을 받아보아야 한다. 그대로 방치했다가는 망막 박리^{detachment of the retina} 현상이 일어나 실명으로 이어질 수 있기 때문이다.

노인성 당뇨병은 노인들만 걸리는 질병이다?

당뇨병은 보통 제1형인 인슐린 의존성과 제2형인 인슐린 비의존성으로 나눈다. 제1형 인슐린 의존성은 유전에 의한 것으로, 체내에서 인슐린이 원활하게 분비되지 않아서 발생한다. 제2형인 인슐린 비의존성은 인슐린은 원활하게 분비되지만 인슐린이 혈당을 낮추지는 못하며 주로 노인들에게서 관찰되어 '노인성 당뇨병'이라고 부르게 되었다. 과거에는 이와 같은 제2형 인슐린 비의존성 당뇨병이 30세 이전는 걸리는 일이 거의 없었기 때문이다. 하지만 요즘은 초등학생들에게서도 나타나고 있어 매우 심각한 상황이다. 전문가들은 어린 나이에 노인성 당뇨병에 걸리는 가장 큰 원인으로 운동 부족을 꼽았다.

동상과 동창의 차이는 무엇일까?

동상은 영하의 온도에 노출되어 조직손상이 오고 심하면 괴사까지 오는 병이다.

동창은 저온과 습한 환경에 장기간 노출되었다가 염증반응이 생기는 경우이다. 즉 동창은 말초혈류 순환이 약한 사람이 추위가 느껴지지 않는 겨울날 습도가 높을 때 장시간 실외에 머무르다가 걸릴 수 있는 것이다.

증상으로는 멍처럼 푸르스름한 자국이 생기고 그 부위에 극심한 통증이 느껴지거나 반대로 감각이 없어지는 것 등이 있다.

오뉴월 감기는 개도 안 걸린다는 속담처럼 감기는 날씨가 추울 때만 걸리는 것이다?

감기는 바이러스성 질환이므로 언제든 걸릴 수 있다. 그런데 여름철보다는 겨울철에 감기에 더 잘 걸리는 이유는 추운 날씨일 때는 환기를 자주 하지 않는 닫힌 공간 안에서 여러 사람이 지내기 때문인 것으로 추측하고 있다.

근육통의 원인은 무엇일까?

현대인들은 자주 근육통을 호소한다. 그렇다면 근육통이 생기는 원인은 무엇일까? 근육통의 원인은 여러 가지가 있다. 가장 흔한 원인은 근육을 무리하게 썼거나 잘못된 자세로 운동이나 작업을 했을 때이다. 다음으로는 감기, 인후염, 폐렴, 뇌염 등과 같은 수많은 감염성 질환에 걸리면 근육통이 같이 올 수 있다.

다발성 경화증, 루프스, 류마티스 관절염 등 자가 면역성 질환으로 인한 근육통도 있다.

그 외에도 부신기능부전과 같은 대사성 질환이나 만성피로증후군 말초신경병증 등도 근육통을 불러올 수 있다.

무리한 운동이나 잘못된 운동으로 인한 근육통은 젖산 과다 축적이므로 해당 근육을 조금씩 움직여 통증을 완화해주면 된다. 운동 당시에는 통증이 없었지만 다음날 찾아온 근육통이라면 지연성 근육통이므로 충분한 휴식을 취하면 된다. 하지만 감염성 질환 등 질병에 의한 근육통이라면 꼭 치료를 받아야 한다.

야외에서 찔리거나 베이는 상처를 입으면 파상풍을 조심해야 한다?

파상풍^{tetanus}은 사람이나 동물의 배설물, 흙 등에 포함되어 있는 박테리아인 '클로스트리듐 테타니$^{Clostridium\ tetani}$' 때문에 발생하는 질병이다. 따라서 날카로운 칼이나 못, 철조망에 찔리는 것만으로는 파상풍에 걸리지 않는다. 하지만 어디에 클로스트리듐 테타니가 묻어 있을지 모르기 때문에 야외 활동이 잦다면 반드시 파상풍 예방 주사를 맞아두는 것이 좋다. 파상풍 예방 주사는 10년에 한 번씩 다시 맞아야 한다.

생리 기간 중에는 절대 임신이 되지 않는다?

남성의 정자가 여성의 자궁과 수란관 안에서 생존할 수 있는 기간이 얼마나 되는지는 아직 정확히 밝혀진 것이 없다. 대략 5~7일 정도로 추정만 하고 있을 뿐이다. 보통 여성의 생리 주기는 16일 정도에 시작되는 배란일 전후해서 5~7일 정도에 임신 확률이 가장 높다고 알려져 있다.

그런데 생리 중에도 임신이 될 확률은 있다. 생리가 시작된 3~4일 사이에 임신될 확률은 거의 없지만 6일째 되는 날 수정되어 태어난 아기는 제법 된다고 한다.

남자는 절대 유방암에 걸리지 않는다?

　남자도 유선 조직이 있어 유방암에 걸릴 수 있다. 남자들이 유방암에 걸리는 대부분의 이유는 호르몬 이상이며 남성의 유방암 발병률은 1% 정도라고 한다. 이는 확률로 계산하면 100명 중 1명이며 우리나라에서는 유방암 환자 중 0.6~3% 정도가 남자라고 한다. 대부분 60대 이상에서 발견되며 혹시 유방에서 혹이 만져진다면 확인해보는 것이 좋다. 치료 방법은 여자들과 같다.

유당불내증은 소소한 질병이다?

유당불내증$^{lactose\ intolerance}$은 유당을 분해하는 효소가 결핍되어 우유 속 당분을 소화하지 못하는 질병이다. 우유는 비타민 D를 합성하는 원료로 작용하기 때문에 유당 분해 능력은 비타민 D와 밀접한 관계에 있다.

주로 아시아인과 아프리카인들에게서 발견되며 유아들의 유당불내증은 조기에 발견해 제대로 치료하지 않으면 심각한 뇌 손상을 일으킬 수도 있기 때문에 유아들에겐 심각한 질병이라 할 수 있다.

피부가 숨을 쉬지 못하면 질식사한다?

007 시리즈 제3탄 〈골드핑거^{Goldfinger}〉에서는 등장인물인 질 매스터슨이 온몸에 황금 페인트를 칠해 질식사하는 장면이 나온다. 그들은 정말 질식사할 수 있다고 믿었기 때문에 영화를 촬영할 때도 의료진을 대기시킨 후 촬영했으며 머리부터 발끝까지 황금 페인트를 칠하지 않았다고 한다. 그런데 사실 피부가 흡수하는 공기는 우리 몸이 흡수하는 전체 공기의 1%일 뿐으로 따라서 모든 모공을 막는다고 해도 목숨을 잃지는 않는다. 다만 영화처럼 온몸에 황금 칠을 하게 된다면 땀을 배출할 수 없어 고열이 날 수는 있으므로 조심해야 한다.

극심한 스트레스나 공포감을 느끼면 하룻밤만에 백발이 될 수 있다?

무협지에서는 심한 쇼크나 공포감에 휩싸인 등장인물이 하룻밤 사이에 머리카락이 하얗게 세어 버렸다는 스토리가 등장한다. 대표적으로 〈백발마녀전〉이 있다.

그런데 실제로는 그런 일이 일어날 수 없다. 머리카락에는 신경 세포가 없기 때문이다. 따라서 두피를 빠져나와 자란 머리카락이 하얗게 될 수는 없고 뿌리 쪽에서 새롭게 나오는 머리카락이 하얀 색을 띨 수는 있다. 대신 스트레스나 쇼크, 공포감 등으로 인한 심리적 요인에 의한 급성 탈모는 언제든 일어날 수 있다고 한다.

우리가 하고 있는 복식 호흡은 정말 복식 호흡일까?

　사실 신체 구조상 우리가 들이마신 공기는 폐로만 들어갈 뿐, 공기를 복부까지 밀어 넣을 수 있는 사람은 아무도 없다. 그럼에도 복식 호흡을 하는 것처럼 느껴지는 이유는 폐에 공기가 가득 찰 경우 흉강과 복강 사이에 있는 횡격막이 확장되면서 공기가 배 속까지 들어가는 듯한 느낌이 들기 때문이다.

　그리고 만약 복식 호흡을 훈련하고 싶다면 배 위에 무거운 책 한 권을 올려놓은 뒤 누운 자세로 숨을 쉬면서 책을 최대한 높이 들어 올리는 방법이 좋다.

날씨가 후텁지근하면 땀이 더 많이 난다?

땀은 내부 열기에 대한 신체의 반응이기 때문에 습도와 땀의 양 사이에는 아무런 연관성이 없다. 그런데 우리는 습한 날씨에 더 많은 땀을 겪는 것도 사실이다. 왜 그럴까? 고온건조한 날씨에 땀을 흘리면 쉽게 증발하기 때문에 땀을 흘리고 있다는 사실 자체를 자각하지 못하는 경우가 많다. 반대로 공기 중에 습기가 가득하면 흘린 땀이 거의 증발되지 않아 끈적끈적하고 불쾌한 기분을 갖게 된다.

가장 좋은 수면 시간은 어떻게 될까?

세계보건기구(WHO)가 권장하는 수면 시간은 연령대별로 다르다. 성인은 보통 7~9시간이 적정 수면 시간이라고 하는데 전문가들은 연령대별로 적절한 수면 시간을 다음과 같이 소개하고 있다.

연령대	적정 수면 시간
0~3개월	14~17시간
4~11개월	12~15시간
1~2세	11~14시간
3~5세	10~13시간
6~13세	9~11시간
14~17세	8~10시간
18~25세	7~9시간
26~64세	7~9시간
65세 이상	7~8시간

약이 작용하는 방법에 따라 가장 간단하게 분류한다면?

결핍을 회복시키는 것이 보충제이다. 비타민제, 오메가3, 다양한 영양제들이 보충제에 속한다.

침입자를 죽이는 것이 항생제이다. 세균에 감염되었을 때 쓰는 가장 대표적인 항생제가 페니실린이다.

세균에 의해 염증 반응이 나타났다면 이를 완화시키는 것을 목표로 쓰는 약이 소염제이다. 소염진통제인 이부프로펜은 통증을 없애거나 완화시키는 작용을 하는데 생리통, 치통, 타박상, 관절염 등에 쓰는 진통제를 떠올리면 된다.

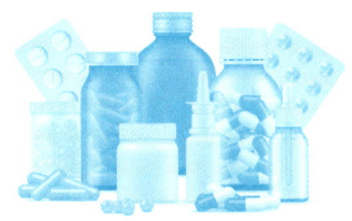

너 그거 아니?

우리가 오해하고 있는 **상식들**

늦가을부터 내리는 이슬은 밤새 하늘에서 떨어지는 것이다?

이슬은 하늘에서 내리는 것이 아니라 낮보다 기온이 많이 내려가는 밤이 되면 공기 중에 떠 있던 수증기가 차가운 물체의 표면에 응결되어 생기는 현상이다. 기온이 영하로 내려가면 이와 같은 원리로 생기는 이슬이 얼어붙는데 이것이 바로 서리다.

커다란 조개껍데기를 귀에 대면 파도 소리가 들린다?

우리가 파도 소리를 듣기 위해 귀에 대는 것은 사실 조개껍데기가 아니라 소라 껍데기이다. 그리고 소라 껍데기에서 듣게 되는 소리는 파도 소리가 아니라 빈 소라 껍데기 안에서 공기가 소라 껍데기의 벽에 부딪치며 내는 공명음이다. 따라서 소라 껍데기에서 무언가 소리를 듣게 되는 것은 내부 공명 현상으로 인한 것이다.

귀여운 '밤비'는 아기 사슴이다?

디즈니 만화 영화의 주인공 밤비의 엄마는 노루이다. 그리고 사슴과 노루는 동족끼리만 짝짓기를 하기 때문에 밤비 또한 노루일 가능성이 크다.

노루와 사슴은 사는 곳도 다르다. 사슴들은 숲 속 깊은 곳을 선호하는 것과 달리 노루들은 햇빛을 좋아해 숲의 외곽이나 나무가 우거져 있지 않은 숲 속 빈터 등을 선호한다고 한다.

참나무의 겉껍질로 만든 것이 코르크다?

코르크^{cork}는 굴참나무^{cork oak}의 껍질 다시 말해 줄기의 코르크 형성층 바깥쪽에 있는 조직인 수피를 채취해서 가공한 것을 말한다. 수피는 참나무의 겉껍질과 속껍질 사이에서 형성되는 두꺼운 재질로, 대략 10년에 한 번씩 채취하며 이렇게 주기적으로 껍질을 벗겨주는 것이 나무의 생장에 도움이 된다.

몸집이 작으면 소형 고양잇과 동물이다?

고양잇과 동물들은 소형 고양잇과와 대형 고양잇과로 분류할 수도 있는데 소형 고양잇과라고 해서 모두 작은 몸인 것은 아니다. 2m의 몸길이와 150kg이나 나가는 퓨마가 소형 고양잇과에 속하는데 이 몸 크기는 사자와 호랑이를 제외한다면 대형 고양잇과 맹수들보다 더 크다. 또 대형 고양잇과 동물에 속하는 마블고양이marbled cat는 몸길이가 약 50cm 정도밖에 되지 않는다.

그리고 고양잇과 동물들을 소형과 대형으로 구분하는 방식은 논란의 여지가 있다.

코알라는 곰과다?

　코알라는 식육목(척추동물 포유강의 한 목을 이루는 육식하는 동물군) 곰과가 아니라 유대목 코알라과에 속하며 곰보다는 캥거루와 더 가까운 사이다. 코알라와 가까운 이웃사촌으로는 웜뱃(wombat), 태즈메이니아 데빌, 주머니고양이, 주머니쥐, 주머니날다람쥐, 바늘두더지 등이 있다.

펭귄은 남극에만 산다?

현재까지 알려진 펭귄의 종류는 18종이다. 이 중 남극 대륙에는 황제펭귄 emperor penguin과 아델리펭귄 Adelie penguin만 산다. 나머지 16종은 서남아프리카, 뉴질랜드, 오스트레일리아, 남미의 서쪽 해변, 페루 등지에 널리 분포되어 있으며 적도 부근에는 갈라파고스펭귄 Galapagos penguin이 살고 있다.

이들은 비록 사는 곳은 다르지만 모두 공통적으로 바닷물의 온도가 낮아서 플랑크톤과 어족 자원이 풍부한 지역에 살고 있다.

하루살이는 하루밖에 못 산다?

하루살이도 여러 종이 있다. 그중 몇몇 종은 물속에서 최대 4년 동안 애벌레 상태로 살다가 허물을 벗은 뒤 짝짓기 상대를 찾아 나선다.

성충이 된 하루살이들은 대부분 길어야 며칠밖에 살지 못하며 몇 시간밖에 살지 못하는 하루살이 종도 있다.

하루살이들은 성충이 되어 비행하는 동안 단 한 번도 먹이를 먹지 않는다고 한다. 하루살이는 성충이 되는 것과 동시에 구강부와 소화 기관이 이미 퇴화되었기 때문이다. 성충이 된 하루살이들의 유일한 목표는 짝짓기를 해 번식하는 것이다.

> **'악어의 눈물'이란 말처럼 정말 악어는 식사 뒤에 후회의 눈물을 흘릴까?**

   악어들이 사냥한 먹잇감을 맛있게 먹은 후 미안한 척, 후회하는 척 가짜 눈물을 흘린다는 '악어의 눈물'은 정말일까?
   실제로 악어는 염분이 섞인 눈물을 흘린다. 그런데 그 눈물은 식사 후에 흘리는 것이 아니라 식사를 하기 위해 입을 쩍 벌릴 때나 알을 낳는 등 힘을 써야 할 때 흘린다. 따라서 악어가 잡은 먹이를 맛있게 먹은 후 후회하는 척 흘리는 눈물은 없다.

개구리들에게는 날씨 예언 능력이 있다?

 개구리들이 만약 높은 곳에서 먹이를 사냥하고 있다면 맑은 날을 기대해도 된다. 개구리의 먹이인 파리나 모기 등은 습한 날씨에는 낮게 날지만 날씨가 좋으면 날개에 부담이 적어 좀 더 높게 날기 때문이다. 그리고 개구리보다 더 일기 예보에 최적인 것은 제비다. 제비들의 먹이도 맑은 날은 높은 곳에서 움직이지만 날씨가 흐리면 땅 가까이 내려오기 때문이다.

개미는 언제나 일을 한다?

개미들이 일하는 시간은 개미의 일생 중 5분의 1정도밖에 되지 않는다. 사실 개미들은 주식인 벌레의 유충이나 꿀, 과일, 썩은 시체 등은 양분이 매우 풍부해 조금만 먹어도 충분한 에너지를 얻을 수 있기 때문에 하루 종일 열심히 일 할 필요도 없다. 게다가 개미 사회는 고도로 분업화되어 개미굴의 안전을 위해 보초를 서는 개미와 먹이를 찾는 개미, 여왕개미의 수발을 들거나 양육을 담당하는 개미 등으로 나뉜다. 그런데 왜 부지런함의 대명사가 되었을까?

그것은 개미들의 '인해 전술' 때문이다. 동굴 하나에 몇백만 마리가 모여 살기 때문에, 그중 20%만 먹이 사냥에 나서도 우리에게는 개미들 모두가 하루 종일 일만 하는 것처럼 보이게 된다.

지네의 다리는 모두 몇 개일까?

지네는 영어로 센티피드^{centipede}인데, 라틴어로 '100개의 발'이라는 뜻이다. 하지만 다리의 개수가 평균 100개인 것은 아니다. 지네의 다리는 그보다 더 적은 것도 있고 더 많은 것도 있다. 평균적으로 보면 대략 200쌍의 다리, 즉 400개의 발을 지니고 있다고 한다. 지금까지 발견된 지네 중 다리가 가장 많은 것은 무려 350쌍의 다리를 지니고 있었다. 하지만 태어날 당시에는 대부분 세 쌍의 다리를 달고 태어나는데, 이후 탈피 과정에서 개수가 계속 늘어나는 것이라고 한다.

버섯 요리는 재가열하면 안 된다?

버섯은 수분과 단백질 함유량이 높으면서 쉽게 상하는 식재료 중 하나이다. 따라서 구입 후 단기간에 먹는 것이 좋지만, 버섯이 들어간 요리를 재가열한다고 해서 특별히 문제될 것은 없다. 잘 상하기 때문에 남은 요리는 냉장 보관하면 된다.

세계에서 가장 많은 이들이 사용하는 언어는 중국어이다?

중국의 인구가 14억 명이라고 하는데 영어가 모국어인 사람은 4억 4000만밖에 되지 않으니 이것만 놓고 보았을 때는 중국어가 세계에서 가장 많은 이들이 사용하는 언어로 보일 것이다. 그런데 영어는 현재 전 세계 15억 인구가 사용하고 있다. 물론 모국어로 범위를 좁힌다면 세계에서 가장 많은 이들이 사용하는 언어는 중국어가 맞다.

걷는 것과 가만히 서 있는 것 중 어느 것이 더 힘들까?

단순하게 생각하면 가만히 서 있는 것이 움직이는 것보다는 힘이 덜 들 것 같지만 실제로 오랫동안 가만히 서 있어 보면 그 말이 틀렸다는 것을 알 수 있다. 가만히 서 있을 때는 다리에 더 많은 무리가 가기 때문이다. 반면 걷고 있을 때는 한쪽 다리에 모든 체중이 실리는 부담이 가지만 나머지 다리는 쉴 수 있기 때문에 '교대 근무'와 같은 효과를 내어 피곤함을 덜 느끼게 된다고 한다.

전원주택은 친환경적 주거 시설이다?

　이미지만 생각한다면 전원주택이 더 친환경적일 것 같지만, 이는 사실이 아니다. 전원주택을 지으려면 그만큼의 대지를 조성해야 하고 진입로를 만들어야 하며 이웃집과 거리가 멀기 때문에 난방용 에너지도 더 많이 소모하게 된다. 도시의 아파트나 빌라가 윗집, 아랫집, 옆집 등 사방팔방에서 보일러를 튼 덕분에 내 집도 따뜻해지는 '시너지 효과'가 전혀 발휘되지 않는 것이다. 또한 출퇴근길이 멀어지는 만큼 소비하는 연료의 양도 늘어날 수밖에 없다. 에코백이 오히려 환경에 더 많은 악영향을 미친다는 연구결과를 떠올리면 이해하기 쉬울 것이다.

소화가 잘 안 될 때에는 술 한 잔이 도움이 된다?

　알코올이 위산과 담즙, 췌장 효소의 분비를 촉진시켜 소화를 돕기도 하지만, 그와 동시에 간에 부담을 주기 때문에 오히려 소화에 방해가 될 수도 있다.

알코올이 몸을 따뜻하게 데워준다?

영화나 소설 속에서 추운 날 술을 마시면 혈액순환이 되면서 체온이 상승한다는 장면을 본 기억들이 있을 것이다. 그렇다면 정말 알코올이 체내에 들어가면 체온이 상승할까?

이는 어디까지나 주관적인 착각일 뿐이다. 실제로 추위를 떨치기 위해 술을 마시면 피부의 혈관이 확장되면서 오히려 체온이 떨어진다. 그런데 술에 취하면 체온이 저하되는 것을 잘 느끼지 못하게 된다. 따라서 추운 겨울날, 술에 취한 채 공원 벤치나 길거리에서 잠들면 동사할 위험이 크다.

추위를 쫓기 위해 술을 마신다는 것은 오히려 목숨에 위험하니 조심하자.

무알코올 맥주에는 알코올이 전혀 들어 있지 않다?

무알코올 맥주$^{alcohol-free\ beer}$란 발효 후에 진공 증발법 등을 통해 알코올을 제거한 맥주를 말한다. 하지만 완전히 알코올이 제거되지 않은 것과 전혀 알코올을 함유하지 않은 것이 있어서 보통 무알코올류로 부르는 것이 맞다. 우리나라에서는 알코올 함량이 1% 미만이면 무알코올 맥주로 분류되지만 이는 다시 무알코올 맥주와 논알코올 맥주로 나눌 수 있다.

무알코올 맥주는 알코올이 전혀 함유되어 있지 않은 맥주이기 때문에 알코올 프리로 표기되어야 하며 1% 미만의 알코올 함유량을 가지고 있는 논알코올 맥주는 비알코올 맥주로 표기된다. 전혀 알코올이 함유되지 않은 무알콜 맥주는 식품유형으로는 탄산음료나 기타 발효음료 등으로 표기한다.

보드카는 감자로 만든 증류주이다?

원래 보드카는 호밀로 빚었는데, 세월이 흐르면서 감자나 맥아, 옥수수, 당밀 등을 사용하기 시작했다. 사실 보드카는 여러 차례 여과하는 과정에서 원료의 흔적이 대부분 사라져버리기 때문에 원재료의 맛이 거의 나지 않는 술이다. 그리고 최상급 보드카는 무색, 무미, 무취의 보드카이다. 이처럼 원재료의 맛이 거의 나지 않음에도 불구하고 가장 많은 사랑을 받는 보드카는 호밀로 만든 보드카이다. 보드카 애호가들은 호밀 보드카가 어떤 재료의 보드카보다 더 부드러운 맛을 내며 감자로 만든 보드카는 맛이 좀 더 강하다고 한다. 그리고 가장 저렴한 보드카는 달콤한 뒷맛을 남기는 당밀 보드카이다.

삶을 때 면이 들러붙지 않도록 하려면 물에 기름을 첨가하면 된다?

끓는 물에 기름 몇 방울을 첨가해봤자 아무런 효과도 없다. 면이 들러붙지 않게 하고 싶다면 찬물에 헹군 뒤 참기름이나 올리브유 등을 몇 방울 떨어뜨린 뒤 잘 섞어주는 것이 훨씬 효과적이다.

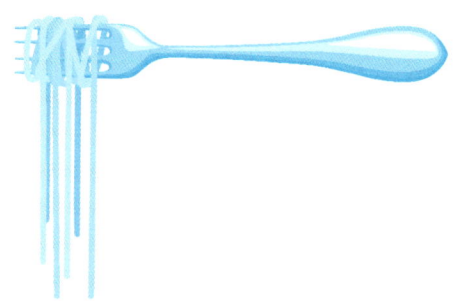

현지에서 재배한 신선한 토마토가 수입 통조림 토마토보다 몸에 좋다?

채소나 과일은 대부분 신선한 상태로 먹는 편이 저장한 상태로 먹는 것보다 더 좋다. 그런데 토마토만은 이와 같은 대부분에 들지 않는다. 보통 통조림용 토마토들은 풍부한 일조량을 자랑하는 곳에서 완전히 익은 상태로 수확되어 즉시 통조림이나 퓌레로 가공된다. 그에 비해 신선한 토마토는 완전히 익은 상태로 수확되면 시장에 나왔을 때 상품 가치가 떨어지기 때문에 유통기간을 고려한 대표적인 후숙열매 채소이다.

다윈은 진화론에 따라 강한 이들만이 살아남을 것이라고 경고했다?

"강한 이들만 살아남을 것$^{\text{survival of the fittest}}$"이라는 말은 다윈이 아니라 영국의 철학자 허버트 스펜서$^{\text{Herbert Spencer(1820~1903)}}$가 한 말이다. 그런데 스펜서가 말한 '피트^{fit}'는 '강하다'는 뜻이 아니라 '잘 적응하다'라는 뜻이며 따라서 '강자생존'이 아니라 '적자생존'으로 해석해야 한다. 그리고 진화생물학자들 역시 가장 강한 동물이나 가장 힘센 동물이 살아남는 것이 아니라 주변 환경에 가장 잘 적응하는 동물이 살아남을 것이라고 주장해왔다.

지구상에서 가장 대표적인 오염물질 6가지는?

첫 번째는 지구온난화의 주범인 이산화탄소이다. 화석연료의 연소와 삼림 벌채가 주요 원인으로 꼽힌다.

두 번째는 지구의 보호막인 오존층을 파괴하는 이산화질소다. 이산화질소 역시 화석 연료가 주요 원인이다.

세 번째는 입자상 물질인 미세먼지, 초미세먼지 등으로 폐 건강에 악영향을 미친다. 화석 연료를 태우거나 공장, 자동차 등의 배출가스 등이 주요 원인으로 현대인에게 많아진 비염의 원인이기도 하다.

네 번째는 폐 기관을 압박하는 이산화황이다. 이 역시 화석연료의 연소가 주요 원인이다.

다섯 번째는 신경계, 면역체계를 파괴하는 납이며 여섯 번째는 산소 흡입을 방해하는 일산화탄소이다. 겨울철 가스버너 또는 난방기를 틀었다가 일산화탄소 중독으로 사망하는 기사가 종종 나오는데 산소 흡입을 방해하기 때문에 벌어지는 비극이다.

지구상에 존재하는 언어는 몇 종이나 될까?

약 15만 년 전 인류가 말을 시작한 이후 현재까지 확인된 언어는 총 7000여 종이라고 한다(대화 중인 사람들).

하지만 100년 이내에 이 중 반이 소멸될 것으로 전망되고 있다.

세계에서 가장 많은 사람이 사용하는 모국어는 중국어(소수민족까지 하면 중국 역시 다양한 언어를 사용하고 있다)이고 한국어는 17위다. 인도는 텔루구어, 마라티어, 타밀어, 구자라트어, 보즈푸리어, 아와디어, 칸나다어, 마이틸리어, 오리아어, 마르와리어, 동부 펀자브어 순으로 사용하는 모국어가 많다.

플라스틱이 분해되기까지는 최소 얼마의 기간이 필요할까?

플라스틱이 분해된다는 것은 최종적으로 물과 이산화탄소로 분해된다는 것을 뜻한다. 플라스틱이 이와 같은 상태가 될 때까지 자연에서 분해되기 위해서는 최소 400년 이상이 필요하다고 한다.

현재 인류가 버린 플라스틱은 바다로도 흘러들어가고 있는데 바다 쓰레기의 80%가 플라스틱이며 완전히 분해되려면 약 1000년 걸린다는 연구 결과도 있다. 즉 400년은 정말 최소한의 시간인 것이다.

150년 전에는 지구상에 존재하지 않았던 물질인 플라스틱을 이대로 방치한다면 2050년이 되면 바다에는 물고기보다 플라스틱이 더 많을 것이며 이는 인류뿐만 아니라 지구상의 생태계에 심각한 위험을 불러올 것이 명백하다. 때문에 과학계에서는 플라스틱을 단시간에 분해할 수 있는 미생물을 연구하고 있다.

또한 플라스틱을 대체할 수 있는 친환경 소재를 찾고 있는데 대표적인 것이 바로 젖산의 발효과정에서 얻어지는 생물중합체인 폴리젖산^{PLA}이다. 자연 생성 물질이기 때문에 무독성과 생분해성, 생물호환성 등이 우수해 플라스틱 소재의 대안으로 활용되고 있다.

참고 도서

누구나 알아야 할 모든 것 다니엘 타다스키 지음 | 강현정 옮김 | 지브레인

지식오류사전 크리스타 푀펠만 지음 | 강희진 옮김

한권으로 끝내는 과학 피츠버그 카네기 도서관 편저 | 곽영직 옮김 | 지브레인

한권으로 끝내는 지구과학 패트리샤 반스 스바니 토머스 E. 스바니 지음 | 곽영직 옮김 | 지브레인

한경 바이오 인사이트 2019. 08. 01

참고 사이트

두산백과 www.doopedia.co.kr

위키피디아 https://ko.wikipedia.org

그 외에도 많은 기사들을 참고하였습니다.